长毛兔高效益养殖与繁育技术

陈宗刚　马永昌　主编

科学技术文献出版社
SCIENTIFIC AND TECHNICAL DOCUMENTATION PRESS

·北京·

图书在版编目（CIP）数据

长毛兔高效益养殖与繁育技术/陈宗刚，马永昌主编. —北京:科学技术文献出版社,2014.9

ISBN 978 - 7 - 5023 - 9246 - 8

Ⅰ.①长…　Ⅱ.①陈…　②马…　Ⅲ.①毛用型—兔—饲养管理　②毛用型—兔—繁育　Ⅳ.①S829.1

中国版本图书馆 CIP 数据核字(2014)第 167537 号

长毛兔高效益养殖与繁育技术

策划编辑:孙江莉　责任编辑:孙江莉　吕海茹　责任校对:张吲哚　责任出版:张志平

出　版　者	科学技术文献出版社	
地　　　址	北京市复兴路 15 号　邮编 100038	
编　务　部	(010)58882938，58882087(传真)	
发　行　部	(010)58882868，58882874(传真)	
邮　购　部	(010)58882873	
官 方 网 址	www.stdp.com.cn	
发　行　者	科学技术文献出版社发行　全国各地新华书店经销	
印　刷　者	北京金其乐彩色印刷有限公司	
版　　　次	2014 年 9 月第 1 版　2014 年 9 月第 1 次印刷	
开　　　本	850×1168　1/32	
字　　　数	204 千	
印　　　张	8.75	
书　　　号	ISBN 978 - 7 - 5023 - 9246 - 8	
定　　　价	19.80 元	

《长毛兔高效益养殖与繁育技术》

编 委 会

前　言

　　兔毛是一种珍贵的纯天然蛋白质纤维，素有"软黄金"之称。随着我国人民生活水平的不断提高和消费观念的改变，人们对纯天然高档兔毛制品的需求与日俱增。长毛兔养殖因投资少、见效快、成本低、产品市场价格稳定，成为人们脱贫致富和就业的好途径之一。

　　从20世纪80年代开始，我国的兔毛出口在世界上一直占有绝对优势，特别是近年来，兔毛价高且平稳，进一步激发了长毛兔养殖户的积极性。但我国规模化长毛兔养殖刚刚起步，生产中还存在着许多问题，如长毛兔的繁殖力低，兔毛产量低、质量差，疾病发生严重等，严重地影响了养殖者的经济效益。为此我们组织相关人员编写了本书，希望为普及长毛兔的科学饲养管理知识和技术做出些许贡献。

　　由于我国地理差别大，生产习惯迥异，本书难以概全，加之时间仓促，编著者水平所限，书中疏漏和错误之处恳请同行及广大读者批评指正。并在此对编写过程中参阅的有关书籍及资料的作者表示衷心感谢。

编者

目　　录

第一章　长毛兔养殖概述

长毛兔(图 1-1)即安哥拉兔,起源于土耳其首都安卡拉一带,是世界上著名的毛用动物之一。

图 1-1　长毛兔

本书所述长毛兔与其他长毛兔具有共同的起源和祖先,其长毛性状是由于基因突变和长期选育的结果,是一种可以遗传的变异现象。

长毛兔在动物分类学上属动物界、脊索动物门、脊索动物亚门、哺乳纲、兔形目、兔科、兔亚科、穴兔属、穴兔种、长毛兔变种。

最初出现的长毛兔,因毛绒奇特、美观,仅供少数人玩赏之用。后来随着毛纺业的不断发展,逐步发展到了利用兔毛纺织高档毛织品,从而使长毛兔养殖得到了迅速地推广和发展。目前饲养长毛兔数量较多的国家有中国、法国、德国、日本、美国、英国等。

第一节　长毛兔的生物学特性

长毛兔的生物学特性包括生活习性、摄食特性、消化特性、繁殖特点和生长特点等,掌握这些特性,有助于进行长毛兔的繁殖、育种、饲养管理,提高其养殖效益。

1. 生活习性

(1)昼静夜动:同其他种类的兔子一样,长毛兔也具有昼静夜动的特点,白天安静地卧于笼中,夜间活跃,并大量采食。据观察长毛兔在晚上所采食的日粮占全日粮的 60% 左右,饮水占 50% 左右。因此,在饲养管理中,必须合理安排饲养日程,晚上要添足草、料、水,尤其是炎热的夏季更要重视夜饲和管理。

(2)胆小怕惊:长毛兔属体小力弱动物,缺乏抵御敌害的能力,具有胆小怕惊的特性,尤其怕突如其来的刺激。遇有异常声音,或竖耳静听,或惊惶失措,或乱蹦乱跳,甚至引起食欲不振,母长毛兔流产、咬伤或残食仔兔。因此,在饲养管理过程中,应尽量避免引起长毛兔惊慌的声响,同时要禁止陌生人和猫、狗等进入兔舍。

(3)喜干厌湿:长毛兔喜欢清洁、干燥的环境,厌恶潮湿、污秽的生活环境。成年兔的粪尿大都排在某个固定的角落,而且常用舌头舔舐自己的前肢和其他部位的毛被,以清除身上的污秽。长毛兔的汗腺不发达,主要靠呼吸散热,故长期处于高温(35℃以上)潮湿的环境会引起长毛兔大批死亡。所以,在日常管理中应保持笼舍的干燥、清洁和卫生。

(4)怕热耐寒:长毛兔被毛浓密,汗腺又极不发达,这就是它怕热的主要原因。由于被毛浓密,又使长毛兔具有较强的抗寒能力,但低温对仔兔和幼兔也有不良影响。据试验,初生仔兔最适温度为30～35℃;30日龄前仔兔为23～30℃;幼兔、成年兔、青年兔为15～25℃,湿度60％～65％为宜。长期高温不仅会影响长毛兔的生长发育和繁殖性能,而且常会引起中暑死亡。所以,在饲养管理上一定要安排好夏季防暑和冬季保温工作。

(5)啮齿行为:兔类的门齿为恒齿发达而锐利,并不断生长,必须通过啃咬硬物磨损其牙齿,才能保持上下颌齿面的吻合;而且兔类上唇形成豁唇,门齿外露,更便于啃咬。兔类的这种习性常常造成笼具及其他设备的损坏,为避免造成不必要的损失,建造兔笼和选用用具时应注意其坚固性和耐用性,在兔笼内也可投放一些短树枝或硬干草等,任其自由啃咬、磨牙,既照顾了兔的习性,又可减少兔笼的损坏。

2. 摄食特性

采食是获取自身营养,赖以生存的基本条件。长毛兔的采食、饮水和食粪等行为,与其他草食动物相比,既有相似之处,又有不同特点。

(1)采食行为:长毛兔和其他草食动物相似,喜欢采食植物性饲料,不喜欢采食鱼粉、肉粉等动物性饲料,而且对料型、质地等均有明显的选择性,喜欢采食有甜味的饲料和多叶鲜嫩的青饲料,如豆科、菊科和十字花科等多种野草;在谷类饲料中喜欢吃整粒的大麦、玉米和全价颗粒饲料,而不喜欢粉料。采食草料时,一般先吃叶片,后吃茎、根;采食短草时,下颌运动很快,每分钟可达180～200次。

(2)饮水行为:饮水对长毛兔的生长和健康有明显的影响,特别是幼兔的需水量明显高于成年兔,每日饮水量为干物质消耗量的 2～2.5 倍。

长毛兔的饮水时间多在采食干饲料之后,每次饮水 10～20 毫升,夜间饮水量为全天的 50% 左右。饮水量的多少,还受外界气候条件的影响。在气温 9℃ 时,9～10 周龄、平均体重 1.7～1.8 千克的幼兔,每日需水量为 20～22 毫升;25～26 周龄、平均体重 3.9～4 千克的成年兔,每日需水量 34～35 毫升。而在 28℃ 时,每昼夜饮水则增加到 45～48 毫升。据观察,如果喂饲干料而不给饮水,采食量则明显下降。因此在没有自动饮水系统的情况下,应做到早晚各供水 1 次。

(3)哺乳行为:仔兔出生后即会寻找奶头,母长毛兔边产仔边让仔兔吮乳。仔兔吃奶并非有固定的奶头,常常一个奶头吸几口再换一个,吸吮时总将奶头衔得很紧。

12 日龄以内的仔兔除了吃奶就是睡觉,吃饱时表现为皮肤红润,腹部绷紧。母长毛兔隔着肚皮可见乳汁充盈,这是母奶充足的表现。

母长毛兔哺乳一般每天 1 次,时间多在零点至 6 点之间,每次哺乳持续时间为 1.5～2 分钟。泌乳期一般为 7 周,产后 20 天左右为泌乳最高峰。哺乳结束时,有的仔兔常被母长毛兔带到窝外(即吊奶),如发现不及时,又逢寒冷天气,常会被冻死,在饲养管理上必须引起重视。

(4)食粪行为:健康长毛兔排出两种粪便,一种是白天排出的硬粒状粪便(硬粪),另一种是夜间排出的软团状粪便(软粪)。软粪由暗色成串的小粪球构成,球外包有具特殊光泽的外膜。这种软粪来自盲肠,粪粒中含有生物学价值较高的蛋白质和水溶性维生素,兔子有吞食这种粪便的习性。

据观察,长毛兔吞食的全部为软粪,每天吞食的粪便占粪便总量的 50%～80%。幼兔食粪始于 3 周龄,6 周龄前食粪量很少;成年兔大约在采食 4 小时后开始食粪,持续时间为 3～4 小时,有时达 4～5 小时,尔后出现较短的第二个食粪期。软粪一排出肛门即被吃掉,长毛兔采食软粪后,每次咀嚼 15～60 秒钟,咀嚼次数达 40～150 次。长毛兔的这种食粪行为是正常的生理现象,一旦患病即停止食粪。

3. 消化特性

长毛兔因具有极其发达的消化系统,因此形成了独特的消化特点。

(1)对粗纤维的消化率较高:长毛兔属单胃草食动物,消化道长而复杂,容积很大,依靠盲肠中的微生物和发达的球囊组织,能有效地利用低质高纤维饲料。据试验,在长毛兔日粮中供给适量的粗纤维饲料,对长毛兔的健康是有益无害的,可刺激肠道蠕动,促进正常的消化、吸收功能。相反,如果日粮中粗纤维含量过低,则可引起肠道蠕动减慢,内容物滞留时间延长,发酵变质,诱发有害细菌大量繁殖,引起肠炎、腹泻,甚至死亡。

(2)能充分利用粗饲料中的蛋白质:据试验,长毛兔不仅对青粗饲料中的蛋白质有较高的消化率,而且对低质饲料中的蛋白质有很强的消化利用能力。

(3)能耐受日粮中的高钙比例:长毛兔对日粮中的钙、磷比例要求不像其他畜禽那样严格。试验表明,长毛兔日粮中的含磷量不宜过高,只有钙、磷比例为 2:1 以下时,才能忍受高水平磷,过量的磷由粪尿排出体外。日粮中含磷量过高(超过 1‰ 时),还会降低饲料的适口性,影响长毛兔的采食量。

4. 繁殖特性

长毛兔与其他家畜相比,具有繁殖力强、双子宫型、刺激性排卵、公长毛兔夏季不育和母长毛兔有时会发生假孕现象等特性。

5

（1）繁殖力强：长毛兔繁殖力强，不仅表现在每胎产仔数多、妊娠期短，而且表现在一年多胎，母长毛兔产后即可配种受孕。另外，还表现在仔兔生长发育快，性成熟早。据报道，1只繁殖母长毛兔，每年可繁殖4～5胎，最高可达8～11胎，每胎产仔6～8只，最高可达17只。

（2）双子宫型：母长毛兔的阴道很长，而公长毛兔的阴茎很短，这种奇特的生殖器官结构，决定了公长毛兔的射精位置在阴道。在自然交配情况下，不会发生什么问题；但在人工授精时，往往因输精管插得过深，可能插入一侧子宫颈口内，导致一侧子宫受孕，另一侧不孕的现象。因此，人工授精时输精器插入母长毛兔阴道的最佳深度为5～6厘米。

（3）刺激性排卵：兔类属刺激性排卵动物，母长毛兔在达到性成熟以后，虽每隔一定时间会出现发情表现，但并不伴随排卵。卵巢中的成熟卵子只有经交配刺激，或相互爬跨，或注射外源激素以后才发生排卵。如无刺激，成熟卵子经10～16天后逐渐被机体所吸收，这种特性对生产是有益的。

实践证明，可以采用强制交配的方法或给母长毛兔注射绒毛膜促性腺激素，促使母长毛兔排卵、受孕，以增加产仔胎数，提高繁殖率。但长期使用外源激素会使子宫壁增厚，影响繁殖。故生产中需注意以下两点：

一是刺激排卵可用于人工授精或频密繁殖，母长毛兔分娩后1～2天内配种繁殖，受胎率很高。

二是外源激素不宜长期连续使用，以免导致子宫壁增厚，影响繁殖性能。

（4）母长毛兔"假孕现象"：在生产实践中，偶尔可见有的母长毛兔在受性刺激后排卵而未受精，就会出现假孕现象，即出现类似妊娠母长毛兔的假象，如不接受公长毛兔交配，乳腺膨胀、衔草筑窝等。造成假孕现象的外因可能是不育公长毛兔的性刺激,引起母长毛兔排卵而未受孕;其内因可能是排卵后,由于黄体存在,孕酮分泌,使乳腺激活,子宫增大,从而出现假孕现象。

在生产实践中,假孕现象有时高达20%～30%。假孕现象的持续时间为16～18天,由于没有胎盘,黄体退化,孕酮分泌减少,从而终止了假孕现象。假孕延长了产仔间隔,会降低种兔的利用率,给养兔生产带来一定的损失。因此,应从以下几方面进行避免:

一是要养好种公长毛兔,采用反复配种或双重配种法配种,减少母长毛兔因配种刺激后排卵而未能受精的现象。

二是要加强管理,繁殖母长毛兔应单笼饲养,避免随意捕捉和抚摸等人为刺激。

三是发现假孕母长毛兔可注射前列腺素促使黄体消失,对生殖系统有炎症的母长毛兔应及时治疗。

(5)公长毛兔"夏季不育":长毛兔对外界环境温度的反应极为敏感,当外界温度高于32℃时,可导致公长毛兔体重减轻,性欲下降,射精量减少,精子密度降低,死精和畸形精子数增加。据测试,春季(3～5月份)公长毛兔性欲最旺盛,射精量最多,精子密度最大、活力最好;夏季(7～8月份)公长毛兔性欲最差,精子活力下降,浓度降低,死精和畸形精子比例增大,这种现象就叫公长毛兔的"夏季不育"现象。

为避免公长毛兔出现夏季不育现象,夏季可将公长毛兔集中饲养在隔热条件较好的兔舍内,并采取相应的降温措施。

5. 生长发育特点

长毛兔在整个生命过程中的每个生长阶段,都有一定的规律和特点,大致可分为胚胎期、哺乳期和断奶后3个阶段。

(1)胚胎期:从母长毛兔受精妊娠到仔兔出生时为止,称为胚胎期,平均为 30 天,一般可分为胚期(妊娠 1～12 天)、胎期(妊娠 13～18 天)和胎儿期(妊娠 19～30 天)。

胚胎期的胎儿完全是在母体内完成的,营养来源和代谢产物的排出均依靠母体来实现。因此,为了获得优良健壮的仔兔,精心饲养妊娠母长毛兔是非常重要的。据试验,胎儿在胚胎期的生长速度不受胎儿的性别影响,但受妊娠胎数、母长毛兔营养水平和胎儿在母体子宫内排列位置的影响。一般规律是妊娠胎数多,每只胎儿重量小;母体营养水平低,胎儿发育慢;近卵巢端的胎儿重量比远离卵巢端的大。

(2)哺乳期:从出生到断奶这段时间称为哺乳期。仔兔初生时全身裸露,眼睛紧闭,耳孔闭塞,不能自由活动。但是,出生后仔兔的生长发育很快,3～4 日龄开始长毛,10～12 日龄开眼,21 日龄开始吃料。体重的增长也很快,一般品系初生体重仅 50～60 克,1 周龄时体重增长 1 倍左右,4 周龄时体重可达成年体重的 12%,8 周龄时可达成年体重的 40%以上。

哺乳期仔兔的生长速度主要受母长毛兔的泌乳性能及窝产仔数的影响。如果母长毛兔营养状况良好,泌乳力强,则仔兔生长快,发育好;窝产仔数多,则生长发育较慢,个体体重亦小。仔兔出生后的最初几周,其生长潜力很大,如能供给双份乳汁,则生长速度就会大大加快,这说明哺乳期仔兔生长潜力的发挥与母长毛兔体况、泌乳量多少相关。

(3)断奶后期:断奶之后,长毛兔的生长速度逐渐减慢,从绝对增重或相对生长速度来看,都表现为前期较快,后期较慢。

断奶后幼兔和青年兔的生长速度,主要受遗传因素和环境因素(饲料、管理、自然条件)的影响。一般规律是 2～2.5 月龄前的幼兔,公长毛兔的生长速度略快于母长毛兔,但差异不明显;2～2.5 月龄后则母长毛兔的生长速度明显快于公长毛兔,且差异也较明显表现出来。饲养环境条件优良,则幼兔、青年兔生长速度较快,生产性能和兔群品质提高。因此,在生产实践中,应充分利用这一特性,加强断奶后期的饲养管理,供给充足优质的全价颗粒饲料,以不断提高长毛兔的生产性能和兔群品质。

6. 换毛规律

兔毛有一定的生长期,当兔毛生长到成熟末期,毛根底部逐渐变细而脱落,新毛开始生长,这种换毛过程称为兔毛的脱换。

(1)年龄性换毛:年龄性换毛指幼兔而言。仔兔初生时无毛,一般在4~5日龄开始长出细毛,到30日龄左右乳毛全部长成。生长发育正常的幼兔,第一次年龄性换毛是在30~100日龄,第二次年龄性换毛是在130~190日龄。在6.5~7.5月龄以后的换毛规律与成年兔一样。

(2)季节性换毛:季节性换毛指成年兔而言。在正常情况下,成年兔每年春秋两季各换毛1次。春季换毛在3~4月份进行,由于此时饲料丰富,代谢旺盛,所以兔毛生长较快,换毛期较短;秋季换毛在8~9月份进行,由于饲料变换,毛囊代谢功能减弱,所以兔毛生长较慢,换毛期较长。

(3)病理性换毛:长毛兔患病期间或较长时间内营养不足,新陈代谢紊乱,皮肤代谢失调,往往会发生全身性或局部性的脱毛现象,即为病理性换毛。

第二节 长毛兔的主要品种

长毛兔起源于土耳其首都安卡拉一带,被各国引入后在不同的自然气候和饲养条件下,采用不同的繁殖和选育方法,先后形成比较著名的英、法、德、日、中等品系,毛色有白、灰、蓝、黑等,但以白色最为普遍。

1. 德系长毛兔

该兔原产于德国,是目前世界上饲养最普遍、产毛量最高的一个细毛型品系。1978 年引入我国后,对改良中国长毛兔发挥了很好的作用。

(1)外貌特征:头型较粗壮,体型略长,成圆筒形。全身被毛纯白浓密,不易缠结,有明显波浪形弯曲。多数个体面部绒毛少,但也有个别的丰富。耳长、宽、厚,两耳尖端有一撮绒毛飘出耳外者居多,个别的为全耳毛型,长毛布满全耳。四肢、腹部密生绒毛;体毛细长柔软,排列整齐。四肢毛及脚毛丰厚,形似虎爪。

(2)生产性能:该兔体型较大,繁殖性能为 7.5～8.0 月龄初配,年产 4～5 胎,每胎 6～7 只,最高可达 11～12 只。初生重 60 克,30 日龄 500～600 克,45 日龄断奶重 900～1000 克,成年公长毛兔体重 3.5～5.2 千克,母长毛兔体重 4.9 千克。平均奶头 4 对,多者 5 对;配种受胎率为 53.6%。

年产毛量公长毛兔为 1000 克,母长毛兔为 1200 克,最高可达 1856 克;被毛密度为每平方厘米 16000～18000 根,粗毛长为 8～13 厘米,平均为 9 厘米;细毛长为 5.5～9 厘米,平均为 7.5 厘米,细毛占 90%。养毛期 3 个月,特级毛可达 65%～75%,其产品适合于精纺。

(3)主要优缺点:德系兔的主要优点是产毛量高,被毛密度大,细长柔软,有毛丛结构,排列整齐,不易缠结,无需经常梳毛。主要缺点是对饲养管理条件要求较高,特别是饲养温度不可过高。公长毛兔有夏季不育现象;部分母长毛兔繁殖性能较低,配种比较困难,初产母长毛兔母性较差,少数有食仔恶癖等。在品种选育上稍有疏忽,良种兔便会发生退化现象。

2. 法系长毛兔

该兔原产于法国,是目前世界上著名的粗毛型长毛兔。我国早在 20 世纪 20 年代就开始引进饲养,1980 年以来又先后引进了一些新法系长毛兔。

(1)外貌特征:头型稍尖。全身被白色长毛,粗毛含量较高。额部、颊部及四肢下部均为短毛,耳大又薄,耳上没有长毛,俗称"光板",是区别于英系长毛兔的主要特征。被毛密度差,毛质较粗硬。脚毛较少,胸部和背部发育良好,四肢强壮,肢势端正。

(2)生产性能:法系兔体型较大,成年体重 3～4 千克,高者可达 5.5 千克,体长 43～46 厘米,胸围 35～37 厘米。年繁殖 4～5 胎,每胎产仔 6～8 只;平均奶头 4 对,多者 5 对;配种受胎率为 58.3%。

年产毛量公长毛兔为 900 克,母长毛兔为 1200 克,最高可达 1300～1400 克;被毛密度为每平方厘米 13000～14000 根,粗毛量 13%～20%,细毛细度为 14.9～15.7 微米,毛长 5.8～6.3 厘米。

(3)主要优缺点:法系长毛兔的主要优点是体质健壮,适应性强,繁殖率高,母长毛兔泌乳性能好,兔毛较粗,粗毛含量高,适于纺线和作粗纺原料,并适于以拔毛方式采毛。主要缺点是被毛密度较差,面、颊及四肢下部无长毛。

3. 英系长毛兔

该兔原产于英国,偏向于观赏和细毛型,是最早引入我国的毛兔品种之一。

(1)外貌特征:头型偏圆,额毛、颊毛丰满,耳短厚,耳尖密生绒毛,形似缨穗,有的整个耳背均有长毛,飘出耳外,甚是美观。全身被白色、蓬松、丝状绒毛,形似雪球,毛质细软。四肢及趾间脚毛丰厚。背毛自然分开,向两侧披下。

（2）生产性能：英系长毛兔体型紧凑、显小，成年体重 2.5～3 千克，高者达 3.5～4 千克，体长 42～45 厘米，胸围 30～35 厘米。繁殖力较强，年繁殖 4～5 胎，平均每胎产仔 6～8 只，最高可达 13～15 只；配种受胎率为 60.8%。

年产毛量公长毛兔为 200～300 克，母长毛兔为 300～350 克，高者可达 400～500 克；被毛密度为每平方厘米 12000～13000 根，粗毛含量为 1%～3%，细毛细度 11.3～11.8 微米，毛长 9～10 厘米，长者达 13 厘米。

（3）主要优缺点：英系长毛兔的主要优点是繁殖力强，被毛白色、蓬松，甚是美观，可作观赏用。缺点是被毛密度差，产毛量低，结块率较高，体质较弱，抗病力差；母长毛兔泌乳力较差，有待选育提高。

4. 日系长毛兔

该兔原产于日本，生产性能不及德、法系长毛兔，我国自 1979 年开始引进饲养。

（1）外貌特征：日系长毛兔体型小于德系长毛兔，头呈方型，全身被白色浓密长毛，粗毛含量较少，不易缠结。额部、颊部、两耳外侧及耳尖部均有长毛，额毛有明显分界线，呈"刘海状"。耳长中等、直立，头型偏宽而短。四肢强壮，肢势端正，胸部和背部发育良好。

（2）生产性能：日系长毛兔体型较小，成年体重 3～4 千克，高者可达 4.5～5 千克，体长 40～45 厘米，胸围 30～33 厘米。年繁殖 3～4 胎，平均每胎产仔 8～9 只；平均奶头 4～5 对；配种受胎率为 62.1%。

年产毛量公长毛兔为 500～600 克，母长毛兔为 700～800 克，高者可达 1000～1200 克；被毛密度为每平方厘米 12 000～15 000 根，粗毛含量 5%～10%，细毛细度 12.8～13.3 微米，毛长 5.1~5.3 厘米。

(3)主要优缺点:日系长毛兔的主要优点是适应性强,耐粗性好。繁殖力强,母性好,哺乳性能优于德系长毛兔,泌乳性能高。仔兔成活率高,生长发育正常。主要缺点是体型较小,产毛量较低,兔毛品质一般,且个体间差异较大。

5. 中系长毛兔

中系长毛兔又称全耳毛兔,是我国劳动人民在英、法系长毛兔杂交的基础上掺入中国本地兔的血统并经长期选育而形成的。近些年,我国又在德系长毛兔基础上进行改良,使得体重和产毛量均超过了纯种德系长毛兔水平,使我国长毛兔进入了世界先进水平。

(1)外貌特征:中系长毛兔的主要特征是全耳毛,狮子头,耳中等长,稍向两侧开张,耳背及耳端长满浓密的细长绒毛,飘出耳外。头宽而短,头毛十分丰厚,额毛向两侧延伸可抵眼角,向下延伸到离鼻端 2~3 厘米处,再加上丰厚的颊毛使头部显得扁平,从侧面看不到眼睛,从正面只看见绒毛一团,形似狮子头。中系长毛兔脚如虎爪,脚毛丰厚,背毛腹毛齐全。

(2)生产性能:该兔体型较小,成年体重 2.5~3 千克,高者达 3.5~4 千克,体长 40~44 厘米,胸围 29~33 厘米。繁殖力较强,年繁殖 4~5 胎,每胎产仔 7~8 只,高者可达 11~12 只;配种受胎率为 65.7%。

年产毛量公长毛兔为 200~250 克,母长毛兔为 300~350克,高者可达 450~500 克;被毛密度为每平方厘米 11 000~13 000 根,粗毛含量为 1%~3%,细毛细度 11.4~11.6 微米,毛长 5.5~5.8 厘米。

(3)主要优缺点:中系长毛兔的主要优点是性成熟早,繁殖力强,母性好,仔兔成活率高,适应性强,较耐粗饲;体毛洁白,细长柔软,形似雪球。主要缺点是体型小,生长慢;产毛量低,被毛纤细,结块率较高,一般可达 15% 左右,公长毛兔尤高,有待今后进一步选育提高。

6. 丹麦系长毛兔

丹麦系长毛兔原产于丹麦,1980 年引入我国。

(1)外貌特征:外形与德系长毛兔基本相似,丹麦系长毛兔头型如法系长毛兔,圆或稍长,全身披白色、蓬松、柔软绒毛,皮肤紧密细致,耳尖多为一撮毛。

(2)生产性能:成年兔体重 3.5 千克左右。兔繁殖率高,年繁殖 3~4 胎,每胎产仔 6~8 只。

丹麦系长毛兔产毛量高,但比德系长毛兔稍低,年产毛量 800 克左右,高者可达 1200 克。

(3)主要优缺点:丹麦系长毛兔的主要优点是毛质较好,密度较大,绒毛几乎不结块,属细毛型长毛兔。主要缺点是繁殖性能较差,与德系相似。

7. 中粗毛型"金燕"长毛兔

中粗毛型"金燕"长毛兔,是我国科技工作者选用高产的细毛型德系长毛兔与世界著名的细毛型法系长毛兔配组杂交,历经 20 多年的精心培育,严格选择,提纯复壮,继二个优良亲本后,育成的优质、高产、抗病、适应性强的中粗毛型长毛兔新品种。该品种曾荣获曼谷"2001 国际农牧科技成果暨产品推广博览会"优秀产品金奖、中国管理科学研究院名牌与市场战略专家委员会的"中国畜牧业首批放心品牌",入编国家农业部《2005年中国畜牧业年鉴》。

(1)外貌特征:"金燕"长毛兔外貌头形较为一致,全身绒毛雪白,毛型中粗,毛质特优,颈下有皱褶,耳长、宽、薄,头形较窄,两耳较短有少量绒毛,背腹、臀部及四肢(包括脚底)绒毛厚密,遗传性状稳定。

（2）生产性能：成年公母长毛兔平均体重5千克左右，年产崽4～5胎，每胎5～8只，断奶体重1～1.5千克。

年产兔毛1500～2000克，粗毛率15％左右，产毛率30％以上，优质毛率93％以上。

（3）主要优缺点：适应性强，仔幼兔生长快，凡长毛兔饲养地区均适于生长。主要缺点是繁殖性能较低。

8. 巨型长毛兔

巨型长毛兔是由山东省农科院、山东农大、济宁市畜牧局等单位共同协作培育而成。该兔近年来先后在山东、河南、江西、河北、四川、安徽、江苏等省推广，均表现良好。

（1）外貌特征：头短而宽，呈虎头形，头毛较长，耳背无长毛，耳端一丛缨，全耳有毛。身体长而粗，全身毛密均匀，四肢上的毛较长较密。

（2）生产性能：成年兔平均体重5420克，最大个体7500克。年产4～6窝，窝产仔7～8只，断奶成活率90％。

平均年产毛量2285克，最高达2600克，粗毛率11.7％，毛纤维品质好。

（3）主要优缺点：该兔属大体型兔，具有性情温顺、生长快、抗病力强、耐粗饲、母性好等特点。其后代毛的密度和体形都比较稳定，是值得大力推广的长毛兔良种。该品种因体形较大，故配种月龄以大一些为好。母长毛兔初配月龄不能小于8个月，公长毛兔不能小于9个月。若提前配种，会影响后代的体形和产毛量，降低兔毛质量。

9. 镇海巨型长毛兔

镇海巨型长毛兔是由浙江宁波镇海种兔场选用浙江当地体型大、产毛量较高的长毛兔优良个体与德系长毛兔杂交，经十余年持续选育而成。2000年该兔通过省级新品系审定。

(1)外貌特征:镇海巨型长毛兔,全身被毛洁白,绒毛较粗,密度大,头毛、脚毛丰厚。

(2)生产性能:体型大,生长发育快,2月龄平均体重2千克左右,3月龄体重可达3千克,成年体重平均达5.0千克以上。平均胎产仔数5~8只。

平均年产毛量1.5~2.0千克,粗毛含量较高(8%以上),不缠结。

(3)主要优缺点:该兔体型大,生长发育快。主要缺点是在粗放饲养管理条件下,生产性能下降较明显。

10."白中王"长毛兔

浙江省培育的"白中王"长毛兔产毛量一直保持世界最高记录,种兔质量处于国际领先水平,目前"白中王"长毛兔已远销全国17个省60多个县(市)。

(1)外貌特征:头型似狮子头,脸部鬃毛厚密,脚毛全生,腹毛较密,颈后绒毛密生不见皮肤,被毛稍有弯曲,手捏丰厚。臀部圆大,皮厚(毛密)、宽(体型大)、软(产毛潜力大)。

(2)生产性能:6~7月龄体长40~45厘米,胸围30~35厘米,体重3000克以上,成年体重4000克以上。繁殖性能良好,年产仔20只左右。

年产毛量超过1500克,最高个体年产毛量达4010克,粗毛率8%左右。

(3)主要优缺点:主要优点是体型大、毛型粗密,毛不黏结,繁殖率强,遗传性能稳定。主要缺点是产仔率较低。

第三节 人工养殖长毛兔的价值

长毛兔属小型草食动物,为发展速度很快的特种养殖业,是畜牧业的重要组成部分之一。

1. 符合我国国情

长毛兔以吃青饲料为主,凡是无毒的野草、野菜、树叶以及农作物秸秆和粮油加工副产品等都可以作为它的饲料。特别是在我国人均占有耕地面积仅为世界人均水平的1/3的情况下,发展以草食为主的长毛兔生产,完全符合我国国情。

2. 符合农业结构调整

为了加快实现我国农业现代化,有关部门已经提出了调整农村产业结构、退耕还林、退耕还牧的政策措施,这为发展以草食为主的兔类生产创造了有利条件。发展长毛兔生产具有经济、高效等特点,既节粮又节草,能缓冲人畜争粮的矛盾,符合农业结构的调整政策。

3. 投资少,见效快

饲养长毛兔具有投资少,见效快,收益高的优点。长毛兔个体小,一般一兔一笼,可以叠起饲养,不占用很多地方;管理也比其他家畜简单,不需要大的设施和投资;长毛兔又是多胎动物,繁殖很快,1只母长毛兔1年可产4~5胎,每胎产仔6~8只,幼兔长到7~8月龄又可配种繁殖。

4. 原料优质,产品高档

长毛兔毛具有"长、松、白、净、美"等特点,为高档天然毛纺原料之一。兔毛制品具有膨松、轻软、保暖、美观等优点,不但可粗纺,而且能精纺。一般绒毛型兔毛是生产紧身毛衫等流行织品的理想原料;粗毛型兔毛是生产表面毛感性强,毛尖外露的外衣、披肩、头巾等的优质原料,具有通透性好,吸湿性强,保温性好等特点,故绝大部分兔毛都用于生产运动衫或保健用品,备受消费者的青睐。

5. 出口换汇

我国是世界上饲养长毛兔数量最多的国家,也是兔毛的出口大国。尤其是近年来新开发的手拔粗毛型兔毛和兔绒的情况更佳,外销量逐年增加,能有力地支援国家建设。

6. 提供优质食品

兔肉营养丰富,蛋白质含量高达 21%,还有丰富的 B 族维生素及铁、磷、钾、钠等常量元素和铜、锌、钴等微量元素,其营养价值与消化率均居各种畜禽肉类之首。研究表明,兔肉具有高蛋白、高磷脂和高消化率等特点,又是低脂肪、低胆固醇和低热量的理想食品,对老、幼、孕、弱、病者均有滋补作用。常吃兔肉,不但身体不易发胖,而且还有预防人体动脉硬化、高血压和心脏病等保健功效,故兔肉被称为"健美肉"、"益智肉"。

7. 提供优质肥料

兔粪、尿是优质有机肥料,1 只成年兔每年可积肥 100～150 千克。兔粪中的氮、磷、钾含量远远高于其他畜禽粪尿,据测算,100 千克兔粪相当于 10.84 千克硫酸氨、1.79 千克硫酸钾的肥效。而且兔粪尿肥料还有改善土壤结构、增加土壤有机质、提高土壤肥力及减少蝼蛄、红蜘蛛等害虫危害的作用。

生产实践说明,施用兔粪尿肥料,可使小麦增产 25%～35%,早稻或晚稻增产 20%～25%,对玉米、油菜等农作物也有普遍的增产效果。在果园、茶园、林园、竹园等种植园地作基肥施用,能使果、茶、林、竹等长势良好,并获得丰收。

总之,饲养长毛兔的好处很多。群众精辟地概括为:"毛兔虽小全身宝,既得肥料又得毛,皮毛出口换外汇,兔粪落田产量高。"

第四节　养殖长毛兔的准备工作

1. 养兔场舍的准备

良好的兔舍是搞好兔生产的重要物质基础,新建兔舍,应根据建场要求准备好养殖场地、兔舍。

2. 养兔笼具的准备

市场有塑料、铁丝网组合式兔笼购买。自制兔笼一般应当造价低、经久耐用、便于操作和洗刷,并符合长毛兔的生理要求。

3. 养兔技术的准备

长毛兔的繁殖率、成活率、级品率,是保证养兔成功的关键,这就要提前解决养兔技术的人才问题,是外聘,还是自己学习,还要购买养兔方面的专业性书籍进行学习,也可上网查看,不断提高、丰富养殖技术。

4. 养兔饲料的准备

兔类是食草性动物,主要是植物饲料,如青绿饲料、干草,还有麦麸、大麦、豆饼等,如大规模养殖长毛兔,首先要考虑饲料草的问题,还要考虑购买粉碎机、颗粒机,因为自制全价、颗粒饲料,有利于提高养兔效益。

5. 养兔防疫准备

兔病是养兔生产的大敌,若饲养管理不当,或遇兔病流行,则会发生成群成批地死亡,在饲养前要注意做好养兔防疫知识、注意防疫管理。

6. 养兔引种的准备

引种前要全面、多方位了解长毛兔供种货源,掌握选择种长毛兔的基本知识,要坚持到有种苗经营资格单位购买的原则、坚持比质比价比服务的原则、坚持就近购买的原则,把好种兔的质量关。

7. 资金准备

养殖长毛兔投入的资金可多可少,可根据自身的财力,自己想投入多少,想建设多大的规模来决定。如果全是重新建场修建,就把建场费、兔舍房屋修建费、兔笼费一起加上。在流动资金中,饲料费要占总费用的 70% 左右,其他的还要加上水电费、人员工资等。养殖户根据以上各项目的资金,根据场的大小,一个场的大概费用就可以算出来了。

第五节 养殖长毛兔应注意的问题

1. 要掌握养兔的基本知识和市场行情

养兔也是一门科学,农户从事养兔要掌握养兔的基本知识,如品种、饲料、兔舍和兔笼的建造等。在市场经济条件下,经营什么项目都要根据市场行情来决策,准备养长毛兔就要选读几本养长毛兔书籍。还可以根据自身条件和需要,参加有关培训班或到有关兔场及市场参观考察、上网学习。

2. 在养兔规划实施前就要筹备兔舍和饲料

首先是兔场选址特别重要,环境条件直接关系到兔群健康繁殖与生长发育。养殖者除了采用配合饲料养兔外,还可以因地制宜种草养兔。

3. 养兔规模

实行长毛兔的集约化生产,实际问题较多。大企业规模大、各种费用相对较高,经营难度大。而中小型养殖者相对灵活一些,抗风险能力要比大型企业稍强一些,生存下来比较容易,中小型养殖者仍将是今后长毛兔养殖的主流。因此首次养殖长毛兔者,小型兔场以养基础母长毛兔 30～50 只为宜,中型兔场 300～500 只为好。大型兔场可养基础母长毛兔 1000 只以上。规模效益是要考虑的,但不能脱离自身条件,盲目追求办大型兔场。

4. 发挥良种优势,提高养兔效益

眼下由于长毛兔市场前景看好,引发了全国养长毛兔的热潮,各地炒种者乘机而入,为此,有必要给长毛兔引种者提个醒,擦亮眼睛,辨别真伪。

5. 广辟饲料来源,降低养兔成本

农户养兔要改变过去那种全部喂草的方法,有什么喂什么,造成饲料单一,生长发育较差,生产性能降低,经济效益不高。要充分利用当地农副产品资源,例如花生秧、红薯秧、玉米秆等,采用混合料喂兔子。并根据不同时期的需要,适时搜集对长毛兔有保健作用的车前草、鱼腥草、蒲公英、艾叶、大蒜茎等具有中草药作用的植物制成饲料添加剂,定期加入饲料中喂兔子,以增强兔体抵抗能力,减少疫病的发生,使养兔成本降低。

6. 养殖者应有正常的心态

经营兔业,应持微利思想,"一夜暴富"是不现实的,因为养殖收益要减去成本开支才是纯利润。经营商品兔本来利润就小,还有兔病以外损失风险,所以只有脚踏实地、勤劳吃苦才能取得高效益。同时,养殖者要增强市场意识,不要被一些假象所迷惑,更不能跟风养殖。

另外,养殖者要增强质量意识,养兔不仅是给兔创造良好的兔舍生活环境,还要注意饲料卫生与营养,更要坚持选种选配,这样长毛兔产品质量才有保证,优质才能卖高价。

第二章　养殖场舍及其设备

养殖场舍是长毛兔生活、栖息和繁殖的场所,场址选择是否合适,关系到长毛兔养殖的成败和经济效益的高低。

第一节　场址选择

选择比较理想的兔场场址,既要考虑长毛兔的生活习性,又要考虑建场地点的自然和社会条件。要经济实用,就地取材,既顾眼前,又顾长远。

1. 地势高干燥平坦

兔场场址应选在地势高、有适当坡度、背风向阳、地下水位低(2 米以下)、排水良好的地方。如在山区建场,应选择坡度小、比山底高一些的暖坡。低洼、山谷、背阴地区不宜兴建养兔场。

2. 水源充足卫生

一个理想的兔场场址应水源充足,水质良好,符合饮用水标准。长毛兔平均每兔每天用水量为 35~40 毫升,而且日常饲养管理、清洁卫生以及饲养管理人员的生活都需要水。因此,在选择场地时,对水源和水质都应重视。最好的水源是泉水、溪涧水、井水或城市中的自来水,其次是江河中流动的活水,使用池塘水时必须过滤、澄清,并用 1‰漂白粉液消毒后使用,禁用死塘水和被工业及生活污水污染的江、河、湖水。

3. 土质

长毛兔养殖场用地应以砂质土壤为佳。因为砂质土壤透水性好，能保持干燥的环境，导热性小，保温性能良好，还可满足建筑上的要求。

4. 交通方便

长毛兔生产过程中形成的有害气体及排泄物会对大气和地下水产生污染，因此兔场不宜建在人烟密集和繁华地带，而应选择相对隔离的偏僻地方，有天然屏障（如河塘、山坡等）作隔离则更好，但要求交通方便，尤其是大型兔场更是如此。大型兔场建成投产后，物流量比较大，如草料等物资的运输，兔产品和粪肥的运出等，对外联系也比一般兔场多，若交通不便，则会给生产和工作带来困难，甚至会增加兔场的开支。

同时兔场也不能靠近公路、铁路、港口、车站、采石场等，也应远离屠宰场、牲畜市场、畜产品加工厂及有污染的工厂。为了做好卫生防疫，兔场距交通主干道应在300米以上，距一般道路100米以上，以便形成卫生缓冲带。兔场与居民区之间应有200米以上的间距，并且处在居民区的下风口，尽量避免兔场成为周围居民区的污染源。

兔场四周应有围墙或天然屏障与外界相隔，设专用道与交通干线相接，以利于防疫卫生。

5. 其他

规模兔场，特别是集约化程度较高的兔场，用电设备比较多，对电力条件依赖性强，兔场所在地的电力供应应有保障。同时兔场周围要有一定面积的土地用作兔用饲料生产基地。

第二节 兔舍设计

理想的兔舍,是搞好长毛兔生产的重要基础条件。兔舍建筑合理与否,直接影响长毛兔的健康、生产力的发挥和养兔者劳动效率的高低。兔舍建筑是养兔生产的前期工作,至关重要,因而对兔舍建筑的目的必须非常明确。

一、兔场布局原则

养兔场的建筑布局既要做到利用土地经济合理,布局整齐紧凑,又要遵守卫生防疫制度。

1. 总体布局

一个结构完整的养兔场,按生产功能可分为生产管理区、生产区、隔离区、粪便及尸体处理区等。

(1)生产管理区:管理区因与社会联系频繁,宜安排在兔场一角。管理区应与生产区有栏墙分隔,外来人员及车辆只能在管理区活动,不准进入生产区,以利于防疫卫生工作。

(2)生产区:生产区是兔场的主要建筑区,应设在人流较少和兔场的上风方位。优良种公、母长毛兔(核心兔群)舍,要放在僻静、环境最佳的上风方位;繁殖兔舍靠近育成兔舍,以方便兔群周转;幼兔舍靠近兔场出口处,方便出运兔苗;由于兔毛很轻,具有较强的静电能力,稍有一点气流就会把兔毛吹散,飘落到饲料或割来的青草上,给兔误食后不利于健康。所以采毛场所不能设在兔舍内或饲料间,应选择避风向阳,密封良好,墙壁干净又靠近兔舍的房舍,最好备有专用剪毛室,室内地面要求水泥地面(水泥地面上可铺上一层干净的塑料薄膜),以免兔毛污染,备有剪毛台和坐椅。面积可根据饲养规模而定,但必须要有保证多人同时工作的面积;生产区应有栏墙隔离,门口需设置消毒池。

(3)生活区:包括职工宿舍和附属设施等,严禁与兔舍混建,但离生产区不宜过远,以利于工作方便。一般生活区应布局在上风向,继而安排管理区、生产区,粪便及尸体处理区应设置在下风向。

(4)隔离区:一般良种兔场都应设有隔离兔舍,新购入的种兔以及病兔都要放进隔离兔舍饲养观察。隔离区应设在下风向,离健康兔舍较远。

(5)附属建筑:兔场的附属建筑有人工授精室、饲料贮藏及加工室等。根据兔场的饲养数量及经费、材料等条件,可以新建或利用旧房改建。

(6)兔舍的朝向和间距:兔舍布置一般采取南北向,若夏季为南风,从单栋兔舍来看,南北向兔舍自然通风与采光条件均较好。兔舍长轴与风向垂直时,后排兔舍受到前排兔舍阻挡,通风效果较差。如果能使兔舍长轴与主导风向成 $30°\sim60°$ 的角度,兔舍间距可缩短至 $3\sim5$ 米。

(7)兔场的道路:兔场在总体布置中应将道路以最短路线合理安排,有利防疫,方便生产。饲料通道为洁道,清粪通道为污道,应尽量分开,避免交叉。工作人员出入场内生产区,道路应设最短路线。兔场道路出入口设消毒池,便于进出场内的车辆消毒。

一般场内设单车道,宽 $3\sim3.5$ 米,坡度不大于 10%。道路与道路相交,一般应为正交,若斜交时两路间夹角不能小于 $45°$。

2. 注意事项

总体布局确定之后,在场区平面布置方面应注意以下几点。

(1)一般建筑物应按南北向布局,长轴与地形等高线平行,以利减少土方工程。

(2)为加强兔舍自然通风,以降低兔舍温度和湿度,纵墙应与夏季主导风向垂直。

(3)生产区四周应加设围墙,凡需进入生产区的人员和车辆均须严格消毒。

(4)合理确定建筑物间距,兔舍之间的距离至少应在 50 米以上。

(5)场区四周及各个区域之间应设置较好的绿化地带,有条件的地方可设防风林。

二、建筑要求

1. 环境要求

兔舍环境与长毛兔的生长发育、产毛、健康、繁殖有着密切关系。影响兔舍环境的因素很多,诸如温度、湿度、通风、光照、噪声、灰尘及绿化等。

(1)温度:长毛兔是恒温动物,对环境温度的要求比较严格。长毛兔年龄愈小,对环境温度的要求愈高。初生仔兔最适温度为 $30\sim35℃$;30 日龄前仔兔为 $23\sim30℃$;幼兔、成年兔、青年兔为 $15\sim25℃$。温度超过 30℃时,几天时间就会使其繁殖力下降,公长毛兔精液品质恶化,母长毛兔难孕且胚胎早期死亡率增加,中暑等多发病明显提高。温度低于零下 20℃,为了维持体温,需消耗较多营养,如不能满足所需营养,则对产毛和增重都有明显影响。

据试验,长毛兔采毛前后对环境温度的要求差别较大。采毛前因被毛长密,体热散失少;采毛后因体表毛短,体热散失可增加 30％以上。所以,寒冷季节采毛后必须做好保温工作,以防感冒患病。

(2)湿度:湿度是指长毛兔舍内空气中的含水量。湿度往往伴随温度对长毛兔产生影响,高温高湿和低温高湿都会影响长毛兔的生长发育及生产性能的发挥。生产实践表明,长毛兔性喜干燥环境,湿度应在 50%～70%,最适宜的相对湿度为60%～65%为宜。空气湿度过大,常会导致笼舍潮湿不堪,污染被毛,影响兔毛品质;有利于细菌、寄生虫繁殖,引起疥癣、湿疹等症。反之,兔舍空气过于干燥,长期湿度过低,同样可导致被毛粗糙,兔毛品质下降;引起呼吸道黏膜干裂,而招致细菌、病毒感染等。鉴于上述情况,兔舍内湿度应尽量保持稳定。

生产中长毛兔排出的粪尿、呼出的水蒸气、冲洗地面的水分是导致兔舍湿度升高的主要原因。因此,在设计长毛兔笼时最下层笼底应距地面 30 厘米,也可以通过加强通风,地面洒草木灰、石灰等办法来吸潮,阴雨潮湿季节舍内清扫时尽量少用水冲洗。

(3)通风:通风是调节兔舍温、湿度的好方法。通风还可排除兔舍内的污浊气体、灰尘和过多的水汽,能有效地降低呼吸道疾病的发病率。

长毛兔排出的粪尿及污染的垫草,在一定温度条件下可分解散发出氨、硫化氢、二氧化碳等有害气体。长毛兔是敏感性很强的动物,对有害气体的耐受力比其他动物低,当长毛兔处于高浓度的有害气体环境条件下,极易引起呼吸道疾病,如巴氏杆菌病、流行性感冒等的蔓延。

兔舍通风方式一般可分为自然通风和机械通风两种。小型兔场或室外兔舍采用自然通风方式,利用门窗的空气对流或屋顶的排气孔和进气孔进行调节;大中型兔场常采用抽气式或送气式的机械通风,这种方式多用于炎热的夏季,是自然通风的辅助形式。兔舍内的适宜风速,夏季为 0.4 米/秒,冬季为 0.1~0.2 米/秒,应强调的是兔舍内应严防贼风的侵袭。降低兔舍内有害气体的浓度,还可通过勤打扫、勤冲洗来保持兔舍内的空气新鲜。

(4)光照:光照对长毛兔的生理机能有着重要调节作用;适宜的光照有助于增强长毛兔的新陈代谢,增进食欲,促进钙、磷的代谢作用;光照不足则可导致长毛兔的性欲和受胎率下降。此外,光照还具有杀菌、保持兔舍干燥和预防疾病等作用。

生产实践表明,公、母长毛兔对光照要求是不同的。一般而言,公长毛兔为每天 12~14 小时,母长毛兔为 14~16 小时,青年兔为 8 小时。

目前,小型兔场或室外兔舍一般采用自然光照,兔舍门窗的采光面积应占地面的 15% 左右,但要避免太阳光的直接照射;大中型兔场,尤其是集约化兔场多采用人工光照或人工补充光照,光源以白炽灯光较好,每平方米地面 3~4 瓦,灯高一般离地面 1.5~2 米。

(5)噪声:噪声是重要的环境因素之一。据试验,突然的噪声可导致妊娠母长毛兔流产,哺乳母长毛兔拒绝哺乳,甚至残食仔兔等严重后果。为了减少噪声,除兴建兔舍一定要远离高噪音区外,饲养管理操作要轻、稳,尽量保持兔舍的安静。

(6)灰尘:空气中的灰尘主要有风吹起的干燥尘土和饲养管理工作中产生的大量灰尘,如打扫地面、翻动垫草、分发干草和饲料等。

灰尘对长毛兔的健康和兔毛品质有着直接影响。灰尘降落到兔体体表,可与皮脂腺分泌物、兔毛、皮屑等粘混在一起而妨碍皮肤的正常代谢,影响兔毛品质;灰尘吸入体内还可引起呼吸道疾病,如肺炎、支气管炎等;灰尘还可吸附空气中的水汽、有毒气体和有害微生物,产生各种过敏反应,甚至感染多种传染性疾病。

为减少兔舍空气中的灰尘含量,应注意饲养管理的操作程序,最好采用颗粒饲料,保证兔舍空气洁净。

(7)绿化:绿化具有明显的调温、调湿,净化空气,防风防沙和美化环境等重要作用。特别是阔叶树,夏天能遮荫,冬天可挡风,具有改善兔舍小气候的重要作用。

根据生产实践,绿化工作搞得好的兔场,夏季可降温 3～5℃,相对湿度可提高 20%～30%。种植草被可使空气中的灰尘含量减少 5% 左右。因此,兔场四周应尽可能种植防护林带、场内也应大量植树,一切空地均应种植作物、牧草或绿化草地。

2. 功能要求

兔舍既是长毛兔的生活空间,又是生产车间。对兔舍设计与建筑,既有建筑学方面的技术要求,又有长毛兔生物学方面的专业要求。

(1)兔舍设计应符合长毛兔的生活习性,有利于生长发育及生产性能的提高;便于饲养管理和提高工作效率;有利于清洁卫生,防止疫病传播。

(2)兔舍形式、结构、内部布置必须符合不同类型和不同用长毛兔的饲养管理和卫生防疫要求,也必须与不同的地理条件相适应。

(3)兔舍建筑材料,特别是兔笼材料要坚固耐用,防止被兔啃咬损坏;在建筑上应有防止长毛兔打洞逃跑的措施。因此,在选择建筑材料时,既要就地取材,又要考虑坚固耐用。

(4)长毛兔胆小怕惊,抗兽害能力差,怕热,怕潮湿。因此,在建筑上要有相应的防雨、防潮、防暑降温、防兽害及防严寒等措施。

（5）兔舍地面要求平整、坚实，能防潮，舍内地面要高于舍外地面 20～25 厘米，舍内走道两侧要有坡面，以免水及尿液滞留在走道上；室内墙壁、水泥预制板兔笼的内壁、承粪板的承粪面要求平整光滑，易于消除污垢，易于清洗消毒，同时具备良好的保温与隔热性能。

（6）室内兔舍窗户的采光面积为地面面积的 15%，阳光的入射角度不低于 25°～30°，窗台以离地面 0.5～1 米为宜。兔舍门要求结实、保温、防兽害，门的大小以方便饲料车和清粪车的出入为宜。

（7）长毛兔笼舍内应有良好的排水系统，包括排水沟、粪尿沟、降口、排水管及粪水池等。

粪尿沟宜用水泥、砖石或瓷砖砌成，其表面要光滑，渗透小，宽度为 25～35 厘米（对尾式加倍），坡度应小于 1%～1.5%。若兔舍过长，出粪口可设置于兔舍中部或两端，以利于粪尿流畅和清扫。

粪尿池应设在舍外 5 米远的地方，池口要高出地面 10 厘米，以防雨水流入，池壁用水泥抹严，不漏水，池口加盖。

（8）为了防疫和消毒，在兔场和兔舍入口处应设置消毒池或消毒盘，并且要方便更换消毒液。

（9）保证舍内通风。我国南方炎热地区多采用自然通风，北方寒冷地区在冬季采用机械强制通风。自然通风适用于小规模或室外兔舍养兔场，机械通风适用于集约化程度较高的大型养兔场或室内兔舍。

（10）舍高、跨度与长度：寒冷地区，舍高 2.5～3 米；炎热地区，可增高 0.5～1 米。跨度一般控制在 10 米以内。长度可根据场地条件、兔场布局及生产方向而定，一般控制在 50 米以内。

三、兔舍类型

我国幅员辽阔,各地气候条件千差万别,要求的兔舍形式和结构也不一样,但兔舍建筑的基本要求是一致的,要符合长毛兔的生活习性,有利于长毛兔的生长发育,有利于清洁卫生,预防疾病的传播,有利于饲养管理。各地所建的兔舍类型一般可分为室外兔舍和室内兔舍。

1. 室外兔舍

室外兔舍实际上就是兔笼,根据兔笼排列又可分为单列式与双列式两种。

(1)室外单列式:室外单列式兔舍正面朝南,兔舍采用砖混结构,为单坡式屋顶,前高后低,屋顶采用水泥预制板或石棉瓦,兔笼后壁用砖砌成,并留有出粪口,承粪板为水泥预制板、石棉瓦或地板块,屋顶可配挂钩,便于冬季悬挂塑料布保暖(图2-1)。为适应室外的条件,地基要高,离地面至少30厘米(防潮、防鼠),笼舍顶部防雨,前檐宜长,夏季防晒,四季防雨雪。这种兔舍的优点就是成本低,呼吸道疾病发病率低;缺点是容易受到外界环境气候的影响,母长毛兔繁殖效率、仔幼兔成活率和劳动效率显著降低。

(2)室外双列式(图2-2):室外双列式兔舍的中间为工作通道,通道宽度为1.5米左右,通道两侧为相向的两列兔笼。兔舍的南墙和北墙即为兔笼的后壁,屋架直接搁在兔笼后壁上,墙外有清粪沟。这类兔舍的优点是单位面积内笼位数多,造价低廉,室内有害气体少,湿度低,管理方便,夏季能通风,冬季也较容易保温。缺点是易遭兽害,缺少光照。

2. 室内兔舍

室内兔舍四周墙壁完整,上有屋顶(顶高不低于2.5米),

图 2-1　室外单列式兔笼

图 2-2　室外双列式

南、北墙均设窗户和通风孔,东、西墙有门(门宽一般为 1.2～1.5 米,高度不低于 2 米),连接通道。根据兔舍跨度大小和舍内通风设施情况,可设单列、双列、多列兔笼。

(1)室内单列式:这种兔舍南北墙每隔 2 米设置一个

1.5米×1.5米的窗户,前后对称。屋顶形式不限,但屋顶每5～8米留置1个天窗。兔笼列于兔舍内的北面,笼门朝南,兔笼与南墙之间为工作走道,兔笼与北墙之间为清粪道,南北墙与地面齐平留30厘米的通风孔。这种兔舍优点是冬暖夏凉,通风良好,光线充足,缺点是兔舍利用率低。

(2)室内双列式:室内双列式兔舍只是兔舍宽度比单列式宽,其他格式同单列式。室内双列式兔舍有两种类型,即"面对面"(图2-3)和"背靠背"(图2-4)。"面对面"的两列兔笼之间为1.5米左右的工作走道,靠近南北墙各有一条宽不小于1米的粪沟;"背靠背"的两列兔笼之间为粪沟,靠近南北墙各有一条工作走道。这类兔舍的优点是通风、透光较好,管理方便,温度易于控制;缺点是朝北的一列兔笼光照、保暖稍差,同时由于空间利用率高,饲养密度大,在冬季门窗紧闭时有害气体的浓度也较高。

图2-3 室内"面对面"双列式兔舍

(3)室内多列式:室内多列式兔舍结构与室内双列式兔舍类似,但跨度加大,一般为8～12米,其他建筑格式同单列式。这

图 2-4 室内"背靠背"双列式兔舍

类兔舍的特点是空间利用率大,安装通风、供暖和给排水等设施后,可进行集约化生产,一年四季皆可配种繁殖,有利于提高兔舍的利用率和劳动生产率。缺点是兔舍内湿度较大,有害气体浓度较高,长毛兔易感染呼吸道疾病。

第三节　常用养殖设备及用具

兔笼、饲槽、草架、饮水器、产仔箱等是长毛兔生产中不可缺少的重要设备,设计合理与否,直接影响着长毛兔的健康、兔毛品质和生产效益。

一、兔笼

笼养是现代化、高效益饲养长毛兔的重要方式,兔笼是长毛兔生活的主要环境,对兔笼的设计、材料、形式等均有一定的要求。

兔笼设计一般应造价低廉,经久耐用,便于操作管理,并且符合长毛兔的生理要求。设计内容包括兔笼规格、结构及总体高度等。

1. 设计要求

(1)兔笼规格:兔笼(图 2-5)是长毛兔生活的场所,也是在生产中不可缺少的设备。建造兔笼时,应达到造价低,经久耐用,便于操作和洗刷消毒,符合长毛兔生活习性。兔笼的大小,一般以长毛兔能在笼内活动为原则。在笼内活动范围以兔体的大小而定,按兔的体长设计,一般笼宽为兔体长的 1.5～2 倍,笼深为体长的 1.3～1.5 倍,笼高为体长的 0.8～1.2 倍,笼底网净面积以 0.38～0.45 平方米比较适宜。兔笼建造的规格数量,应根据养兔多少而定。

图 2-5 青年兔兔笼

(2)兔笼结构

①笼门:设在笼的前面,左右或上下开启,能防兽害、防啃咬,长度 30～40 厘米,高度与笼前网相等或稍低,可用镀锌冷拔

钢丝等制成，一般以上下向内开启为宜。为提高工效，草架、食槽、饮水器等均可挂在笼门上，以增加笼内实用面积，减少开笼门次数。

②笼壁：可用水泥板或砖、石等砌成或金属网制成（网眼直径1.8～2厘米），要求笼壁保持平滑，坚固防啃，以免损伤兔体。如用砖砌或水泥预制件，需预留承粪板和笼底板的搁肩（3～5厘米）；如用金属网条，则以条宽1.5～3厘米，间距1.5～2厘米为宜。

③承粪板：承粪板选用石棉瓦、油毡纸、水泥板、地板块、石板等材料制作，要求表面平滑，耐腐蚀，重量轻。在多层兔笼中，上层承粪板即为下层的笼顶。为避免上层兔笼的粪尿、冲刷污水溅污下层兔笼，承粪板应向笼体前伸3～5厘米，后延5～10厘米，前后倾斜角度为10°～15°，以便粪尿经板面自动落入粪沟，并利于清扫。

重叠式和半阶梯式长毛兔笼应设置承粪板，最低一层长毛兔笼应距地面30厘米以上。承粪板的功能是承接长毛兔排出的粪尿，以防污染下面的长毛兔及笼具。安装承粪板应呈前高后低式倾斜，并且后边要超出下面长毛兔笼8～15厘米，以便粪便顺利流出而不污染下面的笼具。

④笼底板：笼底要求平而不滑，坚而不硬，易清理，耐腐蚀，能够及时排除粪便。笼底可用镀锌丝网，间隙以1.2厘米左右为宜（断乳后的幼长毛兔笼1.0～1.1厘米，种长毛兔1.2～1.3厘米）。若采用竹板条（图2-6）应四角刨平，不留钉头和毛刺，板条平行，每根竹条或木条宽2～2.5厘米，每根之间距离1～1.2厘米，便于漏粪尿，竹条方向应和笼门垂直，以适应兔的生活习惯。

⑤笼顶：室外笼舍的笼顶应具有防雨、雪和保温防暑的作

图 2-6 竹笼底板

用,要求不透水,具有一定的坡度便于排水,隔热性好,出檐应尽量大一些,防止雨水淋到笼内,夏天防止太阳直射兔子。

(3)笼层高度:目前国内常用的多层兔笼,为便于操作管理和维修,兔笼以 3～4 层为宜,总高度应控制在 2 米以下。最底层兔笼的离地高度应在 30 厘米以上,以利于通风、防潮,使底层兔亦有较好的生活环境。

2. 构件材料

各地因生态条件、经济水平、养兔习惯及生产规模的不同,建造兔笼的构件材料亦各不相同。

(1)水泥预制件兔笼:水泥预制件兔笼是目前较流行的长毛兔兔笼。制作兔笼前,根据设计要求先用厚 3 厘米的木条制成模具,然后用水泥和河沙按 1∶4 的比例拌匀;加水和好,倒入模具,凝固后即成。主要优点是耐腐蚀,耐啃咬,适于多种消毒方法,坚固耐用,造价低廉。缺点是通风隔热性能较差,移动困难。

(2)砖、石制兔笼:采用砖、石、黄泥或石灰砌成,是室外养兔普遍采用的一种形式,起到了笼、舍结合的作用,一般建造 2～3

层。主要优点是取材方便,造价低廉,耐腐蚀,耐啃咬,防兽害,保温、隔热性较好。缺点是通风性能差,不易彻底消毒。

(3)金属网兔笼:一般采用镀锌冷拔钢丝焊接而成,适用于规模化养兔和种兔生产。主要优点是通风透光,耐啃咬,易消毒,使用方便。缺点是容易锈蚀,造价较高,如无镀锌层其锈蚀更为严重,又易引起脚皮炎,只适宜室内或比较温暖地区使用。

3. 兔笼形式

根据我国目前的生产现状,兔笼形式主要有活动式、固定式和组装式三种。

(1)活动式兔笼:一般为竹、木或镀锌冷拔钢丝制成,根据构造特点又可分为单层活动式、双联单层活动式、单间重叠式、双联重叠式和室外单间活动式等多种。

这类兔笼的共同优点是移动方便,构造简单,造价低廉,操作方便,易保持兔笼清洁和控制疾病等。除室外单间活动式兔笼外,一般均适宜在室内笼养。

(2)固定式兔笼:一般为水泥预制件或砖木结构组建而成,根据构造特点又可分为室外简易兔笼、室内多层兔笼、立柱式双向兔笼和地面单层仔兔笼等。

①室外简易兔笼:根据各地具体情况可建单层或多层。这种兔笼适宜于家庭养兔,在较干燥地区可用砖块或土坯砌墙,并用石灰刷墙。

②室内多层兔笼:目前国内采用多为3~4层,每隔2~3笼设1立柱,或用砖块砌成砖柱。依排列方式又可分单列和双列两种。实践证明,这类兔笼具有通风良好、占地面积小、管理方便等优点。

③立柱式双向兔笼:这类兔笼由长臂立柱架和兔笼组成,一般为3层,所有兔笼都置于双向立柱架的长臂上。这类兔笼的

特点是同一层兔笼的承粪板全部相连,中间无任何阻隔,便于清扫;清粪道设在兔笼前缘,容易清扫消毒,舍内臭味较小,饲养效果较好。

④地面单层仔兔笼:这种仔兔笼多为砖混结构,紧靠兔舍一侧,笼底长 60~120 厘米,宽 60~70 厘米,高 60~80 厘米,无笼门,开口朝上。这类兔笼的优点是有利于保温及仔兔的生长发育和防兽害。缺点是清扫、更换垫草和给水、喂料均不方便。所以,目前笼底多为竹条或活动网板,定期清洗、消毒,笼顶用竹片或铁丝网覆盖。

(3)组装式兔笼:一般用金属或塑料等制成单体兔笼,再由金属支架连成一体,置放于兔舍地面上。若干单笼组合成一列兔笼,可重新拆装,但不能轻易搬迁。这类兔笼的优点是设计结构合理,占地面积较小,适宜规模化养兔场采用。缺点是一次投入较高,金属支架必须十分牢固坚实。

二、食槽

食具又称饲槽或料槽。目前常用的有陶制、铁皮制及塑料制等多种形式。

食具要求坚固,耐啃咬,易清洗消毒,具有方便实用,造价低廉等优点。一般中小型兔场及家庭养兔可按饲养方式而定,采用陶制食具(图 2-7)或转动式食具(图 2-8)。规模较大及机械化程度较高的种兔场可采用自动喂料器。食具一般固定在笼壁或笼门上,采用笼外加料,笼内采食,不易翻倒,安装上应便于拆卸、清洗和消毒。

三、饮水设备

一般家庭养兔,可用陶制食具作盛水器。这种饮水器价格

图 2-7　陶制食具

图 2-8　多用转动式食具

低,易于清洗,但容易被兔脚爪或粪尿污染,每天均要加水清洗,比较费时费工。

　　规模化养兔场大多采用乳头式自动饮水器(图 2-9)。乳头式自动饮水器采用不锈钢或铜制作,其工作原理和构造与鸡用乳头式自动饮水器大致相同。饮水器与饮水器之间用乳胶管及三通相串联,进水管一端接在水箱,另一端则予以封闭。

图 2-9　乳头式自动饮水器

这类饮水器最大的优点是独立使用,比较卫生,尤其适合水中给药防治兔病。但也需要定期清洁饮水器乳头,以防结垢而漏水。乳胶管宜选用无毒有色管,以减少管内长苔藓而堵塞和污染水流。

四、产仔箱

产仔箱又称巢箱,供母长毛兔筑巢产仔,也是 3 周龄前仔兔的主要生活场所。产仔箱分为固定式和活动式两种。

1. 固定式产仔箱

固定式产仔箱是建造时与母长毛兔舍同时建造,在母长毛兔舍一面留一孔洞,供母长毛兔进出产仔箱。固定式产仔箱的规模是与母长毛兔舍等高,一般宽度为母长毛兔舍的一半左右(图 2-10)。

图 2-10　固定式产仔箱

2. 活动式产仔箱

活动式产仔箱通常在母长毛兔接近分娩时放入笼内,制作材料有木板、纤维板、塑料等。

(1)平口产仔箱:平口产仔箱(图 2-11)用 1.5 厘米厚的木板钉制,规格长 40 厘米,宽 26 厘米,高 13 厘米。上口水平,箱底可钻一些小孔,以利排尿、透气。平口产仔箱放在母长毛兔笼内的一角,因此不宜做得太高,以便母长毛兔跳进跳出。产仔箱上口四周必须制作光滑,不能有毛刺,以免损伤母长毛兔乳房,导致乳房炎。

(2)月牙状缺口产仔箱:月牙状缺口产仔箱(图 2-12),木板1 厘米厚度,规格长 35 厘米,宽 28 厘米,高 40 厘米,产箱前门为半圆形,直径为 18 厘米,圆洞底部切线离箱底高度为 12 厘米,并与笼门下沿齐平,产仔箱底部每横纵间距 6 厘米处留 1漏孔。

图 2-11 平口产仔箱

图 2-12 月牙状缺口产仔箱

五、运输笼(箱)

运输笼仅作为种兔或商品兔运输时使用,一般不配置草架、食槽、饮水器等。要求制作材料轻,装卸方便,结构紧凑,坚固耐用,透气性好,大小规格一致,可重叠放置,有承粪装置(防止途中尿液外溢),适于各种方法消毒。有竹制运输笼、金属运输笼、纤维板运输笼、塑料运输箱等。

六、喂料车

喂料车主要是用它装料喂兔,省工省时。喂料车一般用角铁制成框架,用镀锌铁皮制成箱体,在框架底部前后安装 4 个车轮,其中前面两个为万向轮。

七、饲料加工设备

现代化、高效益的长毛兔生产,大多采用全价配合饲料。因此,各养兔场必须备有饲料加工设备,对不同饲料原料,在喂饲之前进行一定的粉碎、混合和制粒。

1. 饲料粉碎机

一般精、粗饲料在加工全价配合料之前,都应粉碎。粉碎的目的,主要是提高长毛兔对饲料的消化吸收率,同时也便于将各种饲料混合均匀和加工成多种饲料(如粉状、颗粒状等)。在选择粉碎机时,要求机器通用性好(能粉碎多种原料),成品粒度均匀,结构简单,使用、维修方便,作业时噪声和粉尘应符合规定标准。

目前生产中应用最普遍的多为锤片式粉碎机,这种粉碎机主要是利用高速旋转的锤片来击碎饲料。工作时,物料从喂料斗进入粉碎室,受到高速旋转的锤片打击和齿板撞击,使物料逐渐粉碎成小碎粒,通过筛孔的饲料细粒经吸料管吸入风机,转而送入集料筒。

2. 饲料混合机

一般配合饲料厂或大型养兔场的饲料加工车间,饲料混合机是不可缺少的重要设备之一。混合按工序,大致可分为批量混合和连续混合两种。批量混合设备常用的是立式混合机或卧式混合机,连续混合设备常用的是桨叶式连续混合机。

生产实践表明,立式混合机动力消耗较少,装卸方便;但生产效率较低,搅拌时间较长,适用于小型饲料加工厂。卧式混合机的优点是混合效率高,质量好,卸料迅速;其缺点是动力消耗大,一般适用于大型饲料厂。桨叶式连续混合机结构简单,造价较低,适用于较大规模的专业户养兔场使用。

3. 饲料压粒机

生产颗粒饲料的压粒机,目前生产中应用最广泛的是环模压粒机和平模压粒机。

环模压粒机又可分为立式和卧式两种。立式环模压粒机的主轴是垂直的,而环模圈则呈水平配置;卧式环模压粒机的主轴是水平的,环模圈呈垂直配置。一般小型厂(场)多采用立式环模压粒机,大、中型厂(场)则采用卧式压粒机。

平模压粒机有动辊式、动模式和动辊动模式3种。主要工作部件是平模、压辊和切刀等。压辊旋转时将物料推压至压辊和压模之间,物料受二者强烈挤压后从模孔挤出而呈圆柱体,并由固定切刀按规格切断。

颗粒饲料是近代饲料工业的新发展,是规模养兔场或专业户养兔场普遍采用的一种饲料形式。粉料经压制成颗粒料之后,在运送、贮存和分配过程中不会破坏其成分的均匀分布,能避免兔挑食;压制过程中饲料中的淀粉可发生糊化,产生较浓的香味,提高适口性,有利于刺激长毛兔的食欲;压制过程中的短期高温,可杀灭饲料原料中的寄生虫卵和其他病原微生物,破坏豆类、谷物原料中的各种抗营养因子,提高饲料的利用率。当然,颗粒饲料在加工压制过程中,也会破坏某些营养成分(如维生素等），但饲喂颗粒饲料利大于弊，故在养兔业发达的国家普遍采用。

八、其他设备

1. 车辆出入门口和消毒池

要求深 0.3 米、长 5～8 米；人员进出口设立脚踏消毒池，长 0.6～0.8 米、宽 1～2 米，平铺草帘，保持消毒药效。

2. 剪毛工具

农户养殖长毛兔通常使用普通剪刀（图 2-13）（剪刀头部要长），手工操作，也有大型兔场使用电动剪刀（图 2-14）。

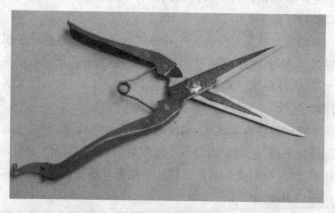

图 2-13　普通剪刀

另外，剪毛工具还要配备磨刀石、稀齿梳子、秤、剪毛台（台的表面钉有粗糙厚实的麻布，易保定兔体，可防兔脚打滑），存储兔毛的硬纸板箱或塑料桶（也可以用编织袋），以及记录本、碘酒、剪毛穿的工作服和帽子等。

3. 耳号工具

兔耳钳是一种刺号工具，由优质合金材料制成，字母和数字

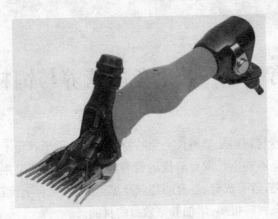

图 2-14 电动剪刀

由坚固的钢针制作。钳口最多能嵌入 6 位数字或字母,每把耳号钳由数字和字母组成。购买时将英文字母和阿拉伯数字按顺序置于耳钳钳口里,用较硬的试纸扎一下,核对编号的准确性。也可选择耳标号。

4. 消毒工具

可选择农用压力喷雾器。

5. 照明设施

人工补充光照,选择白炽灯泡,按每平方米地面 3～4 瓦准备。

6. 干湿温度计

用于测量温、湿度,一个饲养房最少要有 4 个。

7. 其他设施

其他配套设施可根据各自需求自行配置。

第三章 长毛兔的营养与饲料

营养与饲料是养殖长毛兔的物质基础。科学养兔不仅要了解长毛兔不同生长发育阶段的营养需要,而且要认识并掌握饲料的种类、营养成分、各自的特点及加工方法,配合全价日粮,以达到提高饲料报酬、增加养殖效益的目的。

第一节 长毛兔的营养需求

营养需要是指保证长毛兔健康和发挥正常生产性能所需要的各种营养物质,包括能量、蛋白质、脂肪、维生素、无机盐、粗纤维和水分等。

1. 能量需求

长毛兔的一切生命活动都需要能量,能量的主要来源是饲料中的碳水化合物、脂肪和蛋白质。碳水化合物可分为无氮浸出物和粗纤维素,无氮浸出物是指可溶性碳水化合物,包括淀粉和各种糖类,是能量的主要来源。长毛兔对玉米、小麦、大麦、稻谷等谷物饲料中碳水化合物的消化率可达70%~85%,对豆科籽实中的蛋白质和粗脂肪消化率可达85%~90%。

值得注意的是,日粮中能量不足会导致长毛兔消瘦和生产性能下降。但是,日粮中能量水平偏高,也会因大量易消化的碳水化合物由小肠进入大肠,出现异常发酵而引起消化道疾病。同时,因体脂沉积过多,对繁殖母长毛兔来说会影响雌性激素的释放和吸收,损害繁殖机能;对公长毛兔来说则会造成性欲减退、配种困难和精子活力下降等。因此,控制能量供应量,对养好长毛兔极为重要。

2. 蛋白质需求

蛋白质是一切生命活动的基础,也是兔体的重要组成成分。据试验,生长兔、妊娠母长毛兔和泌乳期母长毛兔的日粮中,蛋白质的需要量分别为粗蛋白质 16%、15% 和 17%。如果日粮中蛋白质水平过低,就会造成兔体生长缓慢,体重减轻,公长毛兔精液品质降低,母长毛兔不发情、不易受孕,缺奶或体质瘦弱,胎儿发育不良等。相反,日粮蛋白质水平过高,蛋白质采食量过多,不仅造成浪费,还可能会产生腹泻,增加消化器官负担,甚至中毒等不良影响。因此,蛋白质的供给应控制在适当的水平上。因此,饲养长毛兔切忌饲喂单一的饲料。

3. 脂肪需求

脂肪是提供能量和沉积体脂的营养物质之一,也是构成兔体的重要组成成分。据试验,长毛兔对脂肪的需要量随年龄而不同:幼龄兔需要量特别高,母长毛兔乳汁中含脂量高达12.2%;成年兔因大肠微生物能合成多量的脂肪酸,故需要量相对较低。生长兔、产毛兔日粮中的脂肪含量应为 3%~4%,妊娠和哺乳母长毛兔应为 4%~5%。

饲料中的脂肪大部分是三磷酸甘油酯,由脂肪酸和甘油组成。脂肪酸又分为饱和脂肪酸和不饱和脂肪酸,其中必须从饲料中供给的不饱和脂肪酸叫必需脂肪酸。长毛兔所需的亚麻油二烯酸、次亚麻油酸、二十碳四烯酸都属于必需脂肪酸,对长毛兔皮毛的质量和光泽有很好效果。因此,饲养长毛兔,一定要保证必需脂肪酸的供给。

4. 维生素需求

维生素是兔体的新陈代谢过程中所必需的物质,对长毛兔的生长、繁殖和维持其机体的健康有着密切的关系。长毛兔虽然对维生素的需要量微小,但缺乏时,轻者生长停滞,食欲减退,抗病力减弱,繁殖机能及生产力下降;重者造成长毛兔死亡。

维生素主要分脂溶性维生素和水溶性维生素两大类。前者主要有维生素 A、维生素 D、维生素 E、维生素 K 等,后者包括整个 B 族维生素和维生素 C,对兔体营养起关键性作用的是脂溶性维生素。据试验,生长兔和种公长毛兔每千克体重每日需 8 微克维生素 A,繁殖母长毛兔需 14 微克。维生素 E 的最低推荐量为每天 0.32 毫克/千克体重;维生素 K 的推荐量为每千克日粮 2 毫克。

青绿饲料及糠麸饲料中均含多种维生素,只要经常供给长毛兔优质的青绿饲料,一般情况下维生素不会缺乏。

5. 矿物质元素需求

矿物质元素在兔体内的含量约占成年兔体重的 4.8%,但参与机体内的各种生命活动,在整个机体代谢过程中起着重要作用,是保证长毛兔健康、生长、繁殖所不可缺少的营养物质,许多机能活动的完成都与矿物质有关。通常把在体内含量高于 0.01% 的称为常量元素,包括钙、磷、钾、钠、氯、硫、镁等;把在体内含量低于 0.01% 的称为微量元素,包括铁、铜、锌、锰、碘、硒、钴等。因此,矿物质是保证兔生长发育必不可少的营养物质。

6. 粗纤维需求

兔类是草食动物,其消化道在进化过程中形成了能有效地利用植物饲料的生理特点,同时也产生了对植物纤维的生理需要。植物纤维在长毛兔消化和营养上的作用主要是提供能量和维持机体正常的消化机能。日粮粗纤维是保持食物正常稠度控制其通过消化道的时间和形成硬粪所必需的物质,有利于防止消化道疾病的发生。

日粮中粗纤维的含量,主要应根据兔的年龄和生理状态而定。一般生长兔日粮中粗纤维含量应低些,而成年兔日粮中粗纤维的含量可略高些。但必须注意,日粮中粗纤维过多,会降低日粮营养物质的消化和吸收,并降低日增重。

据试验,日粮中以 14% 的粗纤维水平对产毛量最为有利。

7. 水分需求

水是长毛兔的一种最重要的营养物质,体内营养物质的运输、消化、吸收和粪便的排除,都需要水分。此外,长毛兔体温的调节和机体的新陈代谢活动都需要水的参与。在缺水情况下,常会引起食欲减退,消化机能紊乱,甚至死亡。

据试验,长毛兔的需水量一般为采食干物质量的 2~2.5 倍。影响长毛兔饮水需要量的因素很多,主要为日粮组成、年龄、环境温度、水温及不同的生理状态等。在饲喂颗粒饲料时,每采食 100 克颗粒饲料需要饮水 200 毫升。随着长毛兔年龄的增长,需水量逐渐减少。母长毛兔哺乳期、妊娠期和生长期的幼兔对水的需要量大些,如兔乳中含水约 70%,每日产乳 250 克,其中水占 175 克。因此,在生产中,为了满足长毛兔饮水的需要,最好采用自由饮水方式。

第二节 常用饲料种类的选择

兔类是单胃草食动物,食谱广,可食饲料种类繁多。根据饲料的营养特性一般可以分为青绿饲料、粗饲料、精饲料(能量饲料和蛋白质饲料)、矿物质饲料和饲料添加剂。

一、常用饲料的种类

1. 青绿饲料

青绿饲料是长毛兔最喜欢吃的饲料,也是最基本的饲料。青绿饲料含有丰富的叶绿素、多种维生素、蛋白质、矿物质等,营养价值高,适口性好,消化吸收率高。

(1)青绿饲料种类:主要包括野草类、蔬菜类、树叶类、水生类等。

①野草类:野草种类繁多,应用较为普遍,几乎90%以上的野青草都可用来喂兔。长毛兔爱吃的有蒲公英、车前草、艾蒿、荠荠菜、狗秧草、野豌豆、草木樨、三叶草、马齿苋、金银花、大青叶、胡枝子、野苋菜等。

②蔬菜类:包括菜类、根茎类、瓜类的茎叶等。常用作喂兔的有胡萝卜叶、白萝卜叶、白菜叶、包菜叶、红薯秧及其他蔬菜残叶。

③软草类:包括黑麦草、苏丹草、三叶草、紫云英等。

④树叶类:树叶也是兔的好饲料,在间伐林木或修枝打杈时砍下的嫩枝树叶均可饲喂。常见的有槐树叶、松针、桑叶、榆树叶、杨树叶和胡枝子嫩枝叶等。

⑤水生类:包括水浮莲、水葫芦、水花生和红萍、绿萍等。这类饲料因含水量高,宜洗净、晾干后再喂。有些地区采用打浆后拌料饲喂,效果更好。

(2)饲喂青绿饲料的注意事项

①保持清洁、新鲜、绿嫩,当天喂的草要当天割,带雨、露、霜的青草、青菜不能喂兔。

②防止甘薯黑斑病中毒、土豆龙葵精中毒、木薯氢氰酸中毒和堆积过久、发酵腐烂的青绿饲料的亚硝酸盐中毒。

③青饲料中维生素 D 和磷含量较低,且蛋白质、氨基酸含量差异较大,须与禾本科、豆科等饲草搭配饲喂。有些饲料在某些生长阶段不能喂,如荞麦开花时,亚麻在籽粒、冠茎成熟时有毒。

④防止农药中毒,切忌在喷洒农药后的田边、菜地或粪堆旁割草饲喂。

⑤不喂冰冻饲料。

⑥注意区分有毒植物,如毛茛、防风、独活、毒芹、乌头、藜芦、天南星、蓖麻叶、大麻叶、烟草、白屈芽、白头翁等有毒植物会引起兔中毒或消化系统疾病,要注意剔除。

⑦不能大量喂牛皮菜、菠菜等草酸含量高的饲料。不要喂大量的紫云英,因其容易引起腹泻。包心菜虽高产,但以少量饲喂为宜,以免引起兔腹泻等消化道疾病。

⑧防止饲料霉烂变质。堆积过久、发酵腐烂的青粗饲料切忌喂兔,以免引起中毒。

2. 粗饲料

粗饲料是粗纤维含量高、体积大、营养价值低的一类饲料,是兔在枯草季节所用的饲料,包括青干草、树叶落叶、秸秆、秕壳等。

(1)粗饲料种类

①青干草:由青绿饲料经日晒或人工干燥除去大量水分而制成,其营养价值受植物种类组成、刈割期和调制方法的影响。蛋白质品质较完善,胡萝卜素和维生素 D 含量丰富,是兔最基本最主要的饲料。

②秸秆:秸秆饲料一般质地较差,营养成分含量较低,必须合理加工调制,才能提高其适口性和营养价值。我国秸秆饲料的主要种类有稻草、麦秸、玉米秸、豆秸、甘薯秧和花生秧等,这

类饲料粗纤维含量高,可达 30%～45%,其中木质素比例大,一般为 6.5%～12%,有效价值低,蛋白质含量低且品质差,钙、磷含量低且利用率低,适口性差,营养价值低,消化率也低。

③农副产品:是农作物籽实脱壳后的副产品,包括谷壳、稻壳、花生壳、豆荚等。除了稻壳和花生壳外,荚壳的营养成分高于秸秆。豆荚的营养价值比其他荚壳高,尤其是粗蛋白质含量高。禾谷类荚壳中,谷壳含蛋白质和无氮浸出物较多,粗纤维较低,营养价值仅次于豆荚。

(2)饲喂粗饲料的注意事项

①质量最好的青干草是在 6～7 月间收割的头刀草。晒制优质干草应以强烈日照为宜,切忌雨淋。

②豆科草类叶片容易脱落,晒制过程中应注意收集,以减少损失。

③为满足兔营养,禾本科干草应与豆科干草等配合应用,以达营养的全面和平衡。

④严禁用发霉的干草和藤蔓喂兔,以免引起中毒、死亡等。

⑤粗饲料使用时应该注意清除尘土和霉变部分,最好粉碎成干草粉与精料混合饲喂或制成颗粒饲喂;制作过程中应该注意防止叶片损失。

3. 能量饲料

能量饲料是指饲料干物质中粗纤维含量低于 18%、粗蛋白质含量低于 20% 的一类饲料,是长毛兔日粮中能量的主要来源。

(1)能量饲料的种类:各种作物的籽实和农副产品都是兔的能量饲料,如玉米、大麦、高粱、燕麦、大豆、豌豆、蚕豆、麦麸、米糠、棉籽饼、豆粕、菜籽饼、花生饼、豆渣、粉渣等。能量饲料具有可消化、营养物质含量高、体积小、水分少、纤维素少、营养成分丰富、适口性好、消化率高等特点,但蛋白质品质不如青绿饲料和动物性饲料,维生素、矿物质较缺乏,特别是维生素 A 缺乏。

(2)饲喂能量饲料的注意事项

①不同种类的能量饲料其营养成分差异很大,配料时应注意饲料种类的多样化,合理搭配使用。

②谷实类饲料对兔的适口性顺序为大麦、小麦、玉米、稻谷。高粱因单宁含量较高,饲喂时应有所限量。

③能量饲料因粗纤维含量较低,特别是玉米,用量不宜过多,以免导致胃肠炎等消化道疾病。

④应用能量饲料时,为提高有机物质的消化率,最好经粉碎后,搭配蛋白质、矿物质元素饲料等加工成颗粒料饲喂。

⑤高温、高湿环境很容易使能量饲料发霉变质,黄曲霉素对兔有很强的毒性,饲喂时应特别注意。

4. 蛋白质饲料

一般是指饲料干物质中粗蛋白质含量在 20% 以上的饲料,均属于蛋白质饲料。蛋白质饲料是兔的高级营养品,在日粮中所占比例不多,但对长毛兔的健康和生长发育具有重要作用。

(1)蛋白质饲料的种类

①植物性蛋白质饲料:常用的是饼粕类,如豆饼、菜籽饼、棉籽饼、花生饼及豆粕、菜籽粕等,是长毛兔日粮中蛋白质的主要来源。

②动物性蛋白质饲料:常用的有畜禽副产品(如肉骨粉、羽毛粉等)等。长毛兔不喜食鱼粉、血粉饲料,生产上应尽量避免。

③单细胞蛋白质饲料主要包括酵母、藻类等。

(2)饲喂蛋白质饲料的注意事项

①动物性饲料来源少,价格高,应合理使用,一般喂量只占日粮的 1%～3%。

②这类饲料如果贮存不当,易发生霉、酸、腐败等变质,误食后易引起中毒死亡,因此应注意饲料质量。

③生豆饼中含有抗胰蛋白酶因子和脲酶等有害成分;菜籽饼带有辛辣味,适口性较差,且含有硫葡糖甙等有毒物质,大量饲喂易引起兔腹泻、甲状腺肿大和泌尿系统炎症等。

5. 矿物质饲料

长毛兔所需要的矿物质饲料种类很多,按照需要量的多少分为常量矿物质元素和微量矿物质元素。前者主要包括钙、磷、钠和氯等。食盐含有钠和氯,一般在饲料中添加 $0.3\%\sim0.5\%$ (用量过大会引起中毒,可拌料或溶于饮水中补给),在缺碘地区,应补加含碘食盐。石粉、贝壳粉等是钙的廉价补充料,而骨粉、蛋壳粉、磷酸氢钙既含钙又含磷,它们的添加量可根据饲料中的含量与营养标准的差额确定,一般添加 $1\%\sim2\%$。微量矿物质元素主要包括铁、铜、锌、锰、硒、钴、碘等。

除了添加微量元素添加剂外,一些地方性的复合矿物,如沸石、麦饭石、膨润土、海泡石等,含有多种微量元素,不但使之得以补充,而且还具有吸附、交换、缓释等多种功能。

6. 添加剂饲料

饲料添加剂是指基础日粮中的添加成分,目的是为了平衡基础饲料的营养成分和提高饲料利用效率,促进长毛兔的生长、健康和提高生产性能。

(1)添加剂饲料的种类

①氨基酸添加剂:常用的有赖氨酸、蛋氨酸和色氨酸。

赖氨酸在合成脑神经、生殖细胞等细胞核蛋白质及血红蛋白时具有重要作用。生长期的长毛兔对缺乏赖氨酸的反应极为敏感,缺乏后往往会引起生长停滞,氮平衡失调,逐渐消瘦,骨骼钙化失常等。在以谷物饲料为主的长毛兔日粮中,赖氨酸是最易缺乏的必需氨基酸之一。按长毛兔营养需要,日粮中赖氨酸的需要量为 0.6%～0.8%。

蛋氨酸参与体内甲基的转移,肾上腺素、胆碱、肌酸的合成。缺乏时往往会引起生长不良,体重减轻,肌肉萎缩,被毛变质,产毛量下降等。按长毛兔营养需要,日粮中蛋氨酸加胱氨酸的需要量 0.6%～0.7%。

色氨酸是维持长毛兔正常生命活动和生产性能的必需氨基酸之一。参与血浆蛋白质的更新,并有促进核黄素发挥作用,有助于烟酸、血红素合成等功能。缺乏时往往会引起生长停滞,体重下降,公长毛兔睾丸萎缩,母长毛兔繁殖力下降。按营养需要,日粮中色氨酸的需要量为 0.18%～0.22%。

②维生素添加剂:常用的有维生素 A、维生素 D、维生素 E等。在实际生产中,维生素添加剂的配合形式多采用多维添加剂。

③微量元素添加剂:微量元素添加剂又称矿补剂,是长毛兔全价饲料中不可缺少的营养物质,其目的是保证长毛兔的正常生长和健康,提高其生产性能。常用的有硫酸铜、氧化铜、碳酸铜、氢氧化铜;硫酸锌、氧化锌、碳酸锌、氯化锌;氯化钴、氧化钴;亚硒酸钠;碘化钾、碘化钠、碘酸钾、碘酸钠;硫酸亚铁、氧化铁、氯化铁;磷酸锰、硫酸锰、氧化锰等。

④生长促进剂:常用的有喹乙醇、杆菌肽锌和北里霉素等。

喹乙醇是一种广谱性抗菌生长促进剂,主要对革兰氏阳性菌、大肠杆菌、沙门氏杆菌、金黄色葡萄球菌、肺炎双球菌、绿脓杆菌等有良好的杀菌能力,抗菌活性比氯霉素、青霉素、杆菌肽要强。在兔体内吸收迅速,排泄完全,无蓄积作用,具有促进生长的作用。常用添加剂量为 25～30 毫克/千克饲料。

杆菌肽锌对革兰氏阳性菌有较强的抗菌作用,对革兰氏阴性菌、球菌也有抗菌作用,具有明显降低长毛兔肠炎发病率和促进生长、提高饲料利用率的功能。常用添加剂量为30～50毫克/千克饲料。

北里霉素对革兰氏阳性菌、部分革兰氏阴性菌、螺旋体、立克次氏体及大型病毒等有较强的抗病力,具有预防疾病,促进生长,改善饲料转化率等功能。常用添加剂量为250～300毫克/千克饲料。

⑤饲料防霉剂:防止饲料霉变,一是加强对饲料的管理,二是添加防霉剂。目前,饲料加工过程中常用的防霉剂主要有丙酸钠(添加量为1千克/吨饲料),丙酸钙(添加量为2千克/吨饲料),或脱氢醋酸钠(添加量为200～500克/吨饲料)。

(2)饲喂添加剂饲料的注意事项

①添加剂因用量甚微,不能直接加入饲料,须预先混合后再与日粮混合均匀,以达预期效果。

②饲料中使用的营养性和非营养性饲料添加剂产品应该是农业部颁发的《允许使用的饲料添加剂品种目录》所规定的品种,或者是已经取得了试生产产品批准文号的新饲料添加剂品种。不得使用违禁药物。

③饲料添加剂的选用需要遵循安全性、经济性和使用方便的原则。使用前要注意添加剂的质量、有效物质含量、有效期,还要注意限用、禁用、用量、用法、配合禁忌、停药期等规定,对药物添加剂一定严格遵守使用剂量和停药期。

④需要指出的是,使用药物性添加剂,特别是抗生素之类,不宜长期单一使用,以免产生抗药性和增加残留量。使用时必须严格控制添加剂量和做到各种抗生素交替添加使用。

二、饲料的加工调制

试验研究与生产实践证明，对饲料进行加工调制，可明显地改善适口性，利于咀嚼，提高消化率和吸收率，提高生产性能；便于贮藏和运输。混合饲料的加工调制包括青绿饲料的加工调制、粗饲料的加工调制、能量饲料的加工调制。

1. 青绿饲料的加工调制

新鲜的青绿饲料营养价值高。清洁的青绿饲料只需稍加阴干，降低水分，即可饲喂。被泥土或粪尿污染的青绿饲料，可用0.01%高锰酸钾溶液洗净，晾干表面水分后喂兔。青绿饲料如有大量露水或雨水时，喂前应放在草架上晾干或摊成薄层后阴干、晾晒。喷过农药的青草、蔬菜，在药效期内不能喂兔，同时还要把毒草挑出来。

调制干草的方法一般有两种，地面晒干和人工干燥。人工干燥法又有高温和低温两法，低温法是在45～50℃的室内停放数小时，使青草干燥；高温法是在50～100℃的热空气中脱水干燥6～10秒钟，即可干燥完毕，一般温度不超过100℃，植株几乎能保存全部营养价值。

2. 粗饲料的加工调制

粗饲料质地坚硬，含纤维素多，其中木质素比例大，适口性差，利用率低，通过加工调制可使这些性状得到改善。

(1)物理处理法：就是利用机械、水、热力等物理作用，改变粗饲料的物理性状，提高利用率。

①切短：对于适口性好的青草野菜，宜切短鲜喂；白菜、萝卜等饲料，因含水分过大，应稍阴干后再少量饲喂。

②浸泡：即在100千克温水中加入5千克食盐，将切短的秸秆分批在桶中浸泡，24小时后取出，软化秸秆，提高秸秆的适口

性,便于采食。

③蒸煮:将切短的秸秆于锅内蒸煮1小时,加盖2~3小时即可。这样可软化纤维素,增加适口性。

④热喷:将秸秆、荚壳等粗饲料置于饲料热喷机内,用高温、高压蒸气处理1~5分钟后,立即放在常压下使之膨化。热喷后的粗饲料结构疏松,适口性好,兔的采食量和消化率均能提高。

(2)化学处理:应用酸、碱等化学制剂对秸秆等粗饲料进行化学处理,目的是破坏秸秆饲料中的木质素,改善饲料的适口性,提高秸秆的营养价值。

①碱化处理:碱化处理是将稻草、麦秸等粗饲料切碎后放入缸或水泥池内,用1%~2%石灰水浸泡1~2天,捞出后用清水洗净,晾干后即可喂兔,用量可占日粮的1%~2%。

②氨化处理:氨化处理是将切碎后的秸秆等粗饲料放入窖或缸内,氨源可用尿素、碳铵、氨水或液氨。用量以干秸秆计算,尿素5%,碳铵10%,氨水10%~12%,液氨3%,拌匀踩实后用塑料薄膜覆盖封严。氨化时间冬、春季节为4~6周,夏、秋季节为1~2周。开窖后通风12~24小时,待氨味消失后即可喂兔。

③氢氧化钠处理:氢氧化钠可使秸秆结构疏松,并可溶解部分难消化物质,而提高秸秆中有机物质的消化率。最简单的方法是将2%的氢氧化钠溶液均匀喷洒在秸秆上,经24小时即可。

(3)微生物处理:就是利用微生物产生纤维素酶分解纤维素,以提高粗饲料的消化率。比较成功的方法有以下几种:

①EM菌(图3-1)处理法:EM是"有效微生物"的英文缩写,是由光合细菌、放线菌、酵母菌、乳酸菌等10个属80多种微生物复合培养而成,处理要点如下:

Ⅰ.秸秆粉碎:可先将秸秆用铡草机铡短,然后在粉碎机内

图 3-1　养殖专用 EM 菌液

粉碎成粗粉。

Ⅱ.配制菌液:取 EM 原液 2000 毫升,加红糖 2 千克,净水 320 千克,在常温下充分混合均匀。

Ⅲ.菌液拌料:将配置好的菌液喷洒在 1 吨粉碎好的粗饲料上,充分搅拌均匀。

Ⅳ.厌氧发酵:将混拌好的饲料一层层地装入发酵窖(池)内,随装随踩实。当料装至高出窖口 30～40 厘米时,上面覆盖塑料薄膜,再盖 20～30 厘米厚的细土,拍打严实,防止透气。少量发酵,也可用塑料袋,其关键是压实,创造厌氧环境。

Ⅴ.开窖喂用:封窖后,夏季 5～10 天,冬季 20～30 天即可开窖喂用。开窖时要从一端开始,由上至下,一层层喂用。窖口要封盖,防止阳光直射、泥土污物混入和杂菌污染。优质的发酵料具有苹果香味,酸甜兼具,经过适当驯食后,长毛兔即可正常采食。

②秸秆微贮法:发酵活杆菌是由木质纤维分解菌和有机酸

发酵菌通过生物工程技术置备的高效复合杆菌剂,用来处理作物秸秆等粗饲料,效果较好,制作方法如下:

Ⅰ.秸秆粉碎:将麦秸、稻草、玉米秸等粗饲料以铡草机切碎或粉碎机粉碎。

Ⅱ.菌种复活:秸秆发酵活杆菌菌种每袋3克,可调制干秸秆1000千克,或青秸秆2000千克。在处理前,先将菌种倒入200毫升温水中充分溶解,然后在常温下放置1～2小时后使用,当日用完。

Ⅲ.菌液配制:每吨麦秸或稻草需要活菌制剂3克,食盐9～12千克(用玉米秸可将食盐降至6～8千克),水1200～1400千克的比例配置菌液,充分混合。

Ⅳ.秸秆入窖:分层铺放粉碎的秸秆,每层20～30厘米厚,并喷洒菌液,使物料含水率在60％～70％,喷洒后踏实,然后再铺第二层,一直铺至高出窖口40厘米时再封口。

Ⅴ.封口:将最上面的秸秆压实,均匀洒上食盐,用量为每平方米250克,以防止上面的物料霉烂,最后盖塑料薄膜,往膜上铺20～30厘米的麦秸或稻草,最后覆土15～20厘米,密封,进行厌氧发酵。

Ⅵ.开窖和使用:封窖21～30天后即可喂用。发酵好的秸秆应具有醇香和果香酸甜味,手感松散,质地柔软湿润。取用时应先将上层泥土轻轻取下,从一端开窖,一层层取用,取后将窖口封严,防止雨水浸入和掉进泥土。开始饲喂时,长毛兔可能不习惯,约有7～10天的适应期。

3. 能量饲料的加工调制

能量饲料的营养价值及消化率一般都较高,但是常常因为籽实类饲料的种皮、秕壳、内部淀粉粒的结构及某些精料中含有不良物质而影响了营养成分的消化吸收和利用。所以这类饲料喂前也应经过一定的加工调制,以便充分发挥其营养物质的作用。

(1)粉碎:粉碎是最简单、最常用的一种加工方法。经粉碎后的籽实便于咀嚼,增加饲料与消化液的接触面,使消化作用进行比较完全,从而提高饲料的消化率和利用率。

(2)浸泡:将饲料置于池或缸中,按1∶(1~1.5)的比例加入水。谷类、豆类、油饼类的饲料经过浸泡,吸收水分,膨胀柔软,容易咀嚼,便于消化,而且浸泡后某些饲料的毒性和异味便减轻,从而提高适口性。但是浸泡的时间应掌握好,浸泡时间过长,养分被水溶解造成损失,适口性也降低,甚至变质。

(3)切片、刨丝:多汁饲料多为块根、块茎类,如胡萝卜、马铃薯等,喂前洗净,切片、刨丝后与干草粉、麦麸混合应用。发芽的马铃薯要去掉发芽部分,以防中毒。

(4)发芽:为解决冬、春季节青饲料缺乏的问题,一般可将大麦、稻谷、玉米等谷物饲料发芽后饲喂,以提高饲料的营养价值。制作时先将发芽用的籽实类饲料置于45~55℃的温水中浸泡32~36小时,捞出后平摊在草席上,厚度以5~8厘米为宜,上盖塑料薄膜,维持23~25℃的环境温度,每天用35℃温水喷洒3~5次,5~7天后即可发芽。一般以芽长5~8厘米时喂兔营养最好。

(5)炒香:冬季可将高粱、玉米、豆类等炒后粉碎,同其他饲料混合后饲喂,这样能提高适口性和消化率,增加采食量。

第三节 日粮配合与制粒

传统养兔多以单一饲料或简单几种饲料混合喂兔,不能满足长毛兔的营养需要,饲料营养不平衡,因此影响长毛兔的生产性能。任何一种饲料都不可能满足长毛兔不同生理阶段对各种营养物质的需要，只有多种不同营养特点的饲料相互搭配，取长补短，才能满足长毛兔的营养需要，克服单一饲料营养不全面的缺陷。

配合饲料就是根据不同长毛兔品种、生理阶段、生产目的和生产水平等对营养的需要和各种饲料的有效成分含量，把多种饲料按照科学配方配制而成的全价饲料。利用配合饲料喂兔，能最大限度地发挥长毛兔的生产潜力，提高饲料利用率，降低成本，提高效率。

一、日粮配合的一般原则

日粮是指每只长毛兔1昼夜所采食的各种饲料量。日粮配合就是根据饲养标准，按不同年龄、体重、生理状态对营养物质的需要数量，采用多种饲料搭配而成的配合饲料。

1. 符合消化生理特点

兔类是单胃草食动物，日粮中应以粗料为主，精料为辅，同时还应考虑到长毛兔的采食量，容积不宜过大，否则即使日粮营养全面，但因营养浓度过低，不能满足长毛兔对各种营养物质的需要量。

2. 注意饲料的适口性

用于配合日粮的饲料必须适合长毛兔的习性和口味。饲料适口性的好坏直接影响到长毛兔的采食量，适口性好的饲料长毛兔爱吃，就可提高饲养效果；如果适口性不好，即使饲料营养价值很高，也会降低其饲养效果。因此，在设计配方时，应熟悉长毛兔的嗜好，选用合适的饲料原料。一般而言，长毛兔喜吃味甜、微酸、微辣、多汁、香脆的植物性饲料；不爱吃有腥味、干粉状和有其他异味（如霉味）的饲料。

3. 多样性

不同的饲料种类其营养成分差异很大,单一饲料很难保证日粮平衡,采用多种饲料搭配,有利于营养物质的互补作用,从而满足长毛兔的营养需要。所以,配合饲料一般应选用 4~5 种以上不同原料配合而成。

4. 廉价性

选择饲料种类,要立足当地资源。在保证营养全价的前提下,尽量选择那些当地产品、数量大、来源广、容易获得、成本低的饲料种类。要特别注意开发当地的饲料资源,如农副产品下脚料等。

5. 安全性

选择任何饲料,都应对兔无毒无害,符合安全性的原则。在此强调,青饲料及果树叶,要防止农药污染;有毒饼类(如棉饼、菜籽饼等)要脱毒处理,在无脱毒或脱毒不彻底的情况下,要限量使用,块根块茎类饲料应无腐烂;其他精料如玉米、麸皮等应避免受潮发霉。

6. 饲料质量要好

长毛兔对霉菌极为敏感,配合饲料应严禁选用各种发霉变质的饲料,以免引起中毒。配合日粮应保持相对稳定,不宜变化太大、太快,以免带来不良影响。如必须更换,也需逐步进行,让长毛兔有一个适应过程。

评定日粮配方优劣的方法是进行小范围的饲养试验,一旦确定所配日粮,且具有生长快、饲料转化率高、成本较低的效果,即可投入加工生产。

7. 因兔制宜

要根据长毛兔的不同品种、性别、生理阶段,参照营养标准及饲料成分表进行配制,不可照搬饲养标准,也不可千篇一律让所有的长毛兔都吃一种料,仔兔(补料)、幼兔、母长毛兔空怀期、妊娠期及泌乳期等阶段的饲料应有所区别。而同一品种和同一生产阶段,不同生产性能的长毛兔的饲料也应有所不同。

8. 因时制宜

设计配方要根据季节和天气情况而灵活掌握。在农村,夏秋季节青饲料可以供应,只要设计精料补充料即可,而在冬春季节,青饲料缺乏,在配方设计时,应增补维生素,并适当补喂多汁饲料。在多雨季节应适当增加干料,在季节交替时,饲料应逐渐过渡等。

9. 因地制宜

日粮配合选用的饲料应根据条件,充分利用经济实惠、营养丰富、价值低廉的饲料资源,特别是蛋白质饲料,如利用槐树叶粉(含粗蛋白质 19.3%)、苜蓿干草粉(含粗蛋白质 20.1%)等,则可降低成本。

二、日粮配方

为了方便养殖者合理配料,下面列出一些配方供养殖者参考。

1. 种母长毛兔空怀期日粮参考配方

(1)大麦 20%,玉米粉 10%,麸皮 15%,豆饼 15%,松针粉 8%,甘薯秧粉 6%,菜籽饼 8%,米糠 17%,骨粉 0.7%,食盐 0.3%。

(2)豆饼 10%,菜籽饼 8%,玉米粉 8%,麸皮 10%,大麦 14%,麦芽 24%,稻草粉 20%,松针粉 4%,骨粉 1.5%,蛋氨酸 0.2%,食盐 0.3%。

(3)豆饼 12%,菜籽饼 8%,玉米粉 10%,大麦 10%,麸皮 28%,米糠 20%,草籽粉 5%,松针粉 5%,骨粉 1.5%,蛋氨酸

0.2%,食盐 0.3%。

（4）豆饼 12%,菜籽饼 8%,玉米粉 12%,麸皮 13%,大麦 10%,麦芽 15%,米糠 10%,花生藤 15%,松针粉 4%,骨粉 0.5%,蛋氨酸 0.2%,食盐 0.3%。

2. 妊娠兔日粮参考配方

（1）苜蓿干草粉 50%,大豆粉 4%,燕麦 45.5%,盐 0.5%。

（2）槐叶粉 7%,玉米秸 5%,大豆秸 23%,玉米粉 39.8%,豆粕 12%,大豆粉 5%,骨粉 1.5%,贝壳粉 1.5%,胡麻饼 4%,食盐 0.5%,兔乐 0.5%,蛋氨酸 0.1%,赖氨酸 0.1%。

（3）大麦 20%,玉米粉 10%,豆饼 10%,麸皮 10%,麦芽 10%,苜蓿粉 10%,稻草粉 24%,松针粉 4%,矿物质添加剂 2%。

（4）麸皮 25%,玉米粉 40%,大麦 20%,黄豆粉 10%,骨粉 4%,食盐 1%。

（5）玉米粉 40%,豆饼 25%,麸皮 25%,骨粉 4%,高粱粉 4.48%,食盐 1%,多种维生素 0.02%,土霉素粉 0.5%。

3. 哺乳兔日粮参考配方

（1）苜蓿草粉 40%,小麦 25%,大豆粉 12%,高粱 22.5%,食盐 0.5%。

（2）槐叶粉 11%,大豆秸 25%,玉米粉 36.5%,豆粕 12%,炒大豆 10%,骨粉 1.5%,贝壳粉 3%,食盐 0.5%,兔乐 0.5%。

（3）大麦 13%,统糠 21.5%,麸皮 30%,青干草 10%,豆粕 22%,贝壳或石粉 3%,食盐 0.5%。

（4）麦麸 24%,玉米粉 10%,豆饼 8%,菜籽饼 3%,槐叶 15%,花生藤粉 35%,石粉 1.5%,酵母粉 1%,食盐 0.5%,骨粉 1%,蛋氨酸 0.2%,添加剂 0.8%。

4. 仔兔日粮参考配方

（1）仔兔试吃料阶段（16～21 日龄）：玉米粉 26.4％，高粱 2％，麸皮 12％，豆粕 20％，草粉 30％，杨花粉 2.5％，苜蓿草粉或蒜叶粉 2％，骨粉 2％，豆奶粉 2％，含碘食盐 0.3％，蛋氨酸 0.2％，赖氨酸 0.2％，兔宝 0.4％。严禁饲喂青草。

（2）仔兔补料阶段（22～30 日龄）：草粉 16％，豆粕 23％，玉米粉 30％，麦麸 27.5％，骨粉 2％，食盐 0.5％，兔用添加剂 1％。

（3）幼兔断奶适应阶段（31～60 日龄）：玉米粉 26％，高粱 2％，麸皮 14％，豆粕 18％，草粉 37％，骨粉 2.3％，含碘食盐 0.3％，兔宝 0.4％。

5. 生长兔日粮参考配方

（1）苜蓿干草 50％，玉米粉 23.5％，碎大米 11％，麸皮 5％，大豆粉 10％，食盐 0.5％。

（2）大麦 25％，玉米粉 5％，麸皮 28.5％，青干草 20％，豆饼 18％，贝壳粉或石粉 3％，食盐 0.5％。另加适量抗球虫剂。

（3）大麦或麦麸 30％，玉米粉 5％，豆饼 15％，苜蓿干草 32％，青干草 15％，微量元素及维生素 3％。另外，每 50 千克饲料外加蛋氨酸 100g，抗球虫剂适量。

（4）大麦 30％，玉米粉 5％，豆饼 15％，苜蓿干草粉 32％，青干草 15％，矿物质及维生素 3％。每 50 千克饲料外加蛋氨酸 100 克。

6. 种公长毛兔日粮参考配方

（1）配种期：玉米粉 11％，豆饼 25％，麦麸 20％，草粉 40％，骨粉 2％，食盐 1.5％，生长素 0.5％。

（2）非配种期：玉米粉 15％，豆饼 13％，麦麸 20％，草粉 50％，食盐 1.5％，生长素 0.5％。

7. 产毛兔日粮参考配方

（1）玉米粉 14％，麦麸 36％，豆粕 16％，草粉 30.5％，石粉

1.2%，食盐 0.3%，预混料 2%。

(2)小麦 30%，玉米粉 10%，豆饼 10%，菜籽饼 8%，麦芽 10%，米糠 20%，青草粉 10.5%，骨粉 1%，蛋氨酸 0.2%，食盐 0.3%。

(3)豆饼 10%，菜籽饼 4%，稻谷 20%，麸皮 20%，麦芽 10%，松针粉 4.5%，青草粉 10%，甘薯秧粉 20%，骨粉 1%，蛋氨酸 0.2%，食盐 0.3%。

(4)豆饼 12%，菜籽饼 8%，玉米粉 10%，小麦 18.5%，麸皮 20%，麦芽 5%，米糠 15%，青草粉 10%，骨粉 1%，蛋氨酸 0.2%，食盐 0.3%。

(5)豆饼 10%，玉米粉 10%，小麦 20%，麸皮 10%，麦芽 10%，草粉 10%，稻草粉 24%，松针粉 4.5%，骨粉 1%，蛋氨酸 0.2%，食盐 0.3%。

8. 后备兔日粮参考配方

(1)1～2 月龄参考配方：玉米粉 20%，豆饼 20%，麦麸 15%，米糠 15%，草粉 25%，骨粉 3.5%，食盐 1%，生长素 0.45%，速大壮 0.05%。

(2)3～5 月龄参考配方：玉米粉 10%，豆饼 25%，麦麸 15%，米糠 10%，草粉 35%，骨粉 3%，食盐 1.5%，生长素 0.45%，速大壮 0.05%。

(3)6 月龄以上参考配方：玉米粉 15%，豆饼 11%，麦麸 20%，草粉 50%，骨粉 2%，食盐 1.5%，生长素 0.5%。

三、饲料制粒

1. 颗粒饲料的优点

将粉状饲料用制粒机压制成为一定规格的圆柱状颗粒，称为颗粒饲料(图3-2)，是集约化养兔生产重要的技术措施，是饲料工业中比较先进的加工技术,随着畜牧业的发展,颗粒饲料生产的重要性越来越显著。

图3-2　颗粒饲料

(1)营养平衡:颗粒饲料由多种原料科学配合而成,各种营养成分互相补充,能满足长毛兔不同生理阶段的生长、发育、繁殖、泌乳等的营养需要,有利于消化吸收,也保证了饲料营养的全价性。

(2)适口性好:颗粒料在加工过程中,使淀粉糊化,产生一定的香味,能刺激长毛兔食欲,增加采食量。据测定,饲喂同一种配方的饲料,颗粒料比粉料多采食10%～15%。

(3)符合兔子的啮齿行为:兔子有"磨牙"的习性,采食较硬的颗粒饲料,能满足兔子的啮齿行为,减少兔啮齿行为对笼具的损害,并刺激消化液分泌,有利于长毛兔对饲料的消化和吸收。

(4)饲料的消化利用率高:长毛兔吃颗粒料,咀嚼的时间长,可刺激消化液分泌和肠道活动,提高饲料中营养物质的消化率;另外颗粒料在压制过程中,短时间的高温使豆类及谷物中的一些阻碍营养消化利用的活性物质(如抗胰蛋白酶因子等)纯化,可提高饲料的消化率。

(5)减少饲料浪费:颗粒料含水分少,可减少饲料在贮存过程中因吸潮霉变所造成的浪费,更重要的是减少长毛兔因挑食或扒食等所造成的浪费,据测定,喂颗粒料较喂粉料可节省饲料15%。

(6)减少疾病:颗粒饲料由于在制作过程中经过高温挤压有杀菌作用,可减少或避免饲料的发霉变质,特别适用于自由采食。而干粉料在喂兔时,必须用少量的水拌湿,因为长毛兔在采食干粉料的过程中,鼻子易吸入干粉料,产生异物性肺炎。

(7)便于仓储和输送,不存在分级现象:颗粒饲料密度高,体积小,含水分低,不易霉变、虫蛀,便于运输、贮存,可提高饲料仓库的利用率。

(8)提高工作效率:颗粒料投喂方便,配合自动饮水器,可实现半自动化作业。

2. 颗粒饲料的制作

(1)原料选择:原料是加工优质颗粒饲料的基础。要以科学配方为依据,要求原料的含水量在允许范围之内;杂质含量不能超过2%;无发霉变质。

(2)原料粉碎:根据饲料配方,在其他因素不变的情况下,原料粉碎得越细,产量越高。一般粉碎机的筛板孔径以1.5~2毫米为宜。对于储备的粗饲料,一般应选择晴天的中午加工。

(3)称量混合:各种原料必须严格按设计好的饲料配方称量配料,计量用具应采用校准好的磅秤或电子秤等逐一称取各种原料,切忌用簸箕、箩筐等农具随意估量。

(4)原料混合:为使原料混合均匀,最好采用混合机混合。没有混合机时,可先将配比多的饲料放在水泥地上,再将配比少的饲料放在量大的饲料上,用铁锹等作初步拌和,然后用竹筛或铁筛等工具边筛边混,过筛3~5次,待饲料色泽分布均匀为止。

(5)压制成形:目前常用的颗粒饲料压制机有两种:一种是风干粉料加适量水分(10%左右),拌均匀后通过颗粒压制机压制成颗粒状;另一种是风干粉料通过颗粒压制机直接压制成颗粒状。

(6)成品规格:优质颗粒饲料,感官指标应色泽一致,无发霉、变质、结块及异味;要求产品形状均匀,硬度适宜,表面光洁;水分含量北方不高于14%,南方不高于12.5%;颗粒长度应控制在10~15毫米,直径为3~5毫米,粉化率应在5%以下。

3. 颗粒饲料的贮存保管

为了减少颗粒饲料在贮存保管期间,可能出现的霉变、虫蛀、鼠害等损失,且能在较长时期调节使用,应做好以下几项工作:

(1)贮存环境:贮存颗粒饲料的环境应通风、干燥,盛器应干净、无毒,最好用双层塑料袋包装(外层用编织袋,内层用塑料薄膜袋)。如贮存期较长,饲料不应直接放置在地面上,底层最好用木条垫起,以防饲料回潮霉变。

(2)贮存仓库:在实际生产中,严重的虫害与鼠害,不仅会吃掉大批饲料,还可能引起饲料的污染变质,特别是鼠害,还有传播病菌的危险。故建造饲料贮存仓库时应注意选用能够防虫害、鼠害的建筑结构和器材,必要时也可使用药剂杀虫、灭鼠,但要防止药物污染饲料。

(3)缩短贮存期:颗粒饲料,最好现用现制,用多少制多少。实践表明,随着饲料存放的时间加长,维生素、抗生素功效会明显下降,饲料逐渐吸湿,引起发霉变质。因此,应尽量缩短其贮存期。

4. 饲喂方式

（1）饲喂方式

①自由采食：即经常备有饲料和饮水，任其自由采食，一般大型养兔场多采用这种方式，常用的饲料为全价颗粒饲料，优点是能充分发挥长毛兔的生产性能。

②定时定量：即限量饲喂，每天喂兔的饲料数量、饲喂时间和喂料次数都是一定的，这样可使长毛兔养成良好的采食习惯，增进食欲，有利于饲料的消化吸收。每天饲喂次数，一般成年兔为 3～4 次，青年兔 4～5 次，幼兔可增加到 5～6 次，通常精料分2 次喂给，青料分 3 次喂给。

③混合法：即基础饲料（青饲料、粗饲料等）采取自由采食方式，补充饲料（精饲料或颗粒饲料）采取限量饲喂。

根据生产实践，要养好长毛兔，应按营养需要和季节特点，制订出喂兔的操作日程，并要保持相对稳定，不要忽早忽迟，也不能饥饱不均。在饲喂过程中，要掌握先喂草，后喂料，这样既能让兔吃饱吃好，又能使饲料得到充分消化，提高饲料利用率。根据长毛兔昼静夜动的特点，饲喂时应掌握早餐要早，晚餐要晚，中餐要精的原则。

（2）饲喂注意哪些事项

①饲料多样化：饲料品种不同，所含的营养成分不同，适口性也不同。如果将多种饲料配合制成颗粒饲料喂兔，特别是将禾本科饲草与豆科饲草搭配，不单增加了饲料的适口性，长毛兔分泌的消化液增加、消化吸收率增高，而且各种饲料中所含的不同营养成分起互补作用，营养利用率也会高。如果长期喂单一的饲料，不仅满足不了其对营养物质的需求，还会造成长毛兔营养缺乏，影响生长发育。

②实行"夜饲"：长毛兔有较强的夜食性，夜间采食量可占全

天采食量的 60％ 以上。因此，晚上睡前在饲槽里放上饲料让兔夜间随意采食，饮水器内保持存有清洁的饮水。第 2 天早晨检查，如果吃得干干净净，说明给的量不足，还应添加，以微剩些饲料较为适宜。

③切实注意饲料品质：兔对饲料的选择比较严格，凡被践踏、污染的草料，霉烂、变质的饲料，一般都拒绝采食。对怀孕母长毛兔和仔兔尤应重视饲料品质，以防引起仔兔肠胃炎和母长毛兔流产。为了改善饲料的适口性，提高消化率，各种饲料在饲喂前必须适当加工、调制。

Ⅰ. 青草和蔬菜类饲料应先剔除有毒、带刺植物，如受污染或夹杂泥沙则应清洗晾干再喂。水生饲料更要注意清除霉烂、变质和污染部分，晾干后再喂。对含水量高的青绿饲料应与干草搭配饲喂，单喂效果不好。另外，带露水或下雨以后带泥水的草、菜和树叶，应晾干后再喂，以防水分过多，造成采食过量而拉稀。

Ⅱ. 粗饲料（干草、秸秆、树叶等）应先清除尘土和霉变部分，最好粉碎成干草粉与精料制成颗粒饲料饲喂。

Ⅲ. 块根饲料，要经过挑选、洗净、切碎，最好刨成细丝与精料混合饲喂；冰冻饲料一定要解冻或煮熟后方可饲喂。

Ⅳ. 谷物饲料（大麦、小麦、玉米等）和油饼类饲料均需磨碎或压扁，最好与干草粉拌湿或制成颗粒饲料饲喂。

另外，兔不要喂青贮饲料。食盐用量为 0.5％～1％，要调成盐水加在少量的精料内，拌匀后再加料拌匀，严禁用大粒食盐加在饲料内，以免搅拌不匀而导致食盐中毒。还需注意含水分过多的饲料，如西瓜皮、胡萝卜、白萝卜、白薯、白菜等，不要让其随意采食，要限量饲喂，否则会造成兔拉稀。

④调换饲料逐渐增减：夏、秋以青绿饲料为主，冬、春以干草

和根茎类、多汁饲料为主。饲料改变时,新换的饲料量要逐渐增加,使兔的消化机能与新的饲料条件逐渐适应起来。若饲料突然改变,容易引起兔的肠胃病而使食量下降或绝食。

⑤个别补饲:对孕兔、哺乳母长毛兔、仔兔需要进行补饲。实践证明,用黄豆补饲既经济、效果也好。将黄豆先用清水泡软,然后煮熟,加 $0.2\%\sim0.3\%$ 的食盐直接喂饲,刚断奶的幼兔可将煮熟的黄豆用打浆机打碎喂给。

⑥不能口服抗菌类药物:这类药物进入消化道,会杀死或抑制肠内有益细菌,影响兔的正常消化机能。在使用抗生素时,最好采用肌注,皮注或静注。

⑦养殖兔投料时还要注意以下几点

Ⅰ.看兔体大小投料:一般情况下,个体大的成年兔投料要多一些,青年兔、幼兔的投料量要少一些。

Ⅱ.看兔的肥瘦投料:较肥的兔应适当减少精饲料的投喂量,增加青、粗饲料的投喂量;瘦弱的兔应多投喂一些精饲料,适当补喂一些浸泡、煮熟的黄豆或捣碎的豆渣。

Ⅲ.看兔的粪便投料:每天早晨喂料时要认真观察兔粪,根据兔粪的干、湿情况或结块与否来调节饮水供应量。若粪便干结,则说明兔体内缺水,此时应增加饮水供应量;若粪便较稀,则说明兔摄入的水分相对较多,此时应适当增加干饲料的投喂量、减少青饲料的投喂量和饮水供应量。

Ⅳ.看兔的饥饱投料:兔的饥饱主要反映在兔肚子的大小上,肚子瘪缩说明兔饥饿,应适当增加喂料量;若兔的肚子较大,则表明兔很饱,要适当控制喂料量。一般情况下,喂兔都以喂到八成饱为宜,喂得过饱容易引起兔消化不良,从而诱发腹泻等肠道疾病的发生;喂料不足,则会影响兔正常的生长发育。

Ⅳ.看天气变化投料:长毛兔有白天安静,晚上活动的习性,应该掌握"早餐要早,晚餐要晚,中餐要精"的原则,当气温超过30℃时,要以早、晚喂料效果为好,同时以喂冷食、凉饲料或青绿饲料为好,冬季天寒夜长,应该注意晚料晚喂。

第四章　长毛兔的引种与繁殖

兔类具有较高的繁殖力和优良的繁殖特性,因此,合理适量配种,力争做到多怀、多产、多活,护好繁育,是扩大种群数量、提高兔群质量、增加经济效益的重要措施。

第一节　长毛兔引种

引种是饲养长毛兔的开始。实践证明,引种技术直接关系到养兔的成败和效益,特别是刚开始的养兔农户、必须引起高度的重视。

一、引种前的准备

1. 确定引种季节

长毛兔一年四季均可配种繁殖,但不同季节繁殖效果不同,季节对长毛兔繁殖性能的影响很大。根据长毛兔毛囊发育的特点,冬季繁殖的种兔具有毛密、毛质好的特点,所以引种时可安排在春季,购买冬季繁殖的幼兔。切忌夏季引种,冬季因气候寒冷,也以少引种为宜。特别是刚断奶的仔兔,由于饲养管理条件的突然改变,又受炎热或寒冷环境的应激,极易造成病害,甚至死亡,带来不必要的经济损失。

2. 选养品系

一个兔场或养兔专业户,选养何种品系的长毛兔,应根据各自的技术水平和饲养条件来确定。富有养兔经验,饲养条件较好的专业户,可以选养德系或法系长毛兔以生产优质兔毛为主,同时繁殖仔兔向外推销,以获取较高的经济效益;对新饲养长毛兔的养殖户来讲,开始可以先养杂种兔为主,待取得经验后再养高产良种长毛兔,以免饲养失败遭受经济损失。

兔种品质好坏直接关系到养殖长毛兔的经济效益,千万不要贪图一时便宜而买回低劣长毛兔。识别良种长毛兔,除应查阅必要的系谱档案资料外,还需按照不同品系的外貌特征进行识别。

挑选良种长毛兔时应着重考虑兔毛密度、毛丛结构和体型大小。手摸绒毛和皮肤感到紧实,或口吹被毛难见皮肤,毛长洁白而柔软,具有丝样光泽,波浪形弯曲明显,体型大,产毛量高等特征是高产良种的重要标志。

3. 学习相关知识

(1)有条件的请教专家、教授。

(2)上网查询。

(3)参加各种专业会议:无论是新加入的养兔者,还是具有多年养殖经历的养兔者,参加全国性或地方性的养兔以及相关会议是非常必要的,可以了解最新的养兔信息和市场行情。

(4)参加有关技术培训班。

4. 考察供种单位

(1)考察本地或就近的供种单位,看是否有《种畜禽生产经营许可证》、《动物防疫卫生许可证》和检疫合格证,是否发生过传染病。要多考察几个供种单位,以便进行鉴别比较,然后再确定引种地区或引种场。

为保证引进种兔的质量,引种前应首先对种兔的品种纯度、来源、生产性能、疫情及价格等情况了解清楚。若遇传染病流行,应暂缓引种,自己不懂的要请内行帮助。

为避免近交,一要索要原有种兔的系谱资料,二是可在没有血缘关系的几个场引种。新购种兔,应要求供种单位事先进行疫苗预防注射和驱虫,并按生产计划安排好引种时间与数量,同时要签订购买合同并索要当地种兔防疫合格证明。

另外,购买种兔时,要准确了解该种兔的年产毛量,要引进年产毛量高的长毛兔。这样,一是可以保存良种,选育复壮;二是用高产毛量保障养殖高效益。

(2)提前联系和签约:通过不同途径获取种兔信息之后,要进行电话联系,然后现场考察。货比三家之后,做出最后决定。与供种兔场签订合同,包括供种时间、种兔数量、体重、质量要求、公母比例、档案资料、免疫情况、付款方式、售后服务和赔偿条款等。

5. 相关准备

(1)运输工具准备

①按平均每兔占有 0.05～0.08 平方米、1 兔 1 隔(格)准备好引种运输笼具,笼具材料要坚固、抗压,兔笼竹底板毛刺先用砂纸打磨,然后用火焰消毒器喷烧一遍,确保笼底板光滑无毛刺。如果是铁丝笼底,用砂纸打磨光滑即可。

②根据运输笼具的尺寸,选择合理的车辆。还要考虑到寒冷天气的防寒保温,炎热天降热防暑问题。

③准备饲料和饮水:由于运输笼具较小,装载密度大,摆放紧凑,因此一般途中不投喂饲料和饮水。但如果运输时间较长(2 天以上),可准备一定量的块根块茎饲料(如青干草、胡萝卜、树叶等)。

(2)笼舍准备

①养殖兔舍饮水系统安装到位,检查有无滴漏现象,确保水

线密封性良好。

②笼门、料盒准备齐全并安装到位。

③如在冬季要检查兔舍保温设备是否正常；在夏季要检查风机或遮阳网等防暑设备是否正常。

④室内养殖按每平方米安装 3～5 瓦的白炽灯一个，可多准备一些。灯泡距地面高度 1.5～2 米。

⑤消毒药常用氢氧化钠、生石灰、漂白粉、新洁尔灭、过氧乙酸、高锰酸钾、甲醛溶液、灭菌净、苗毒敌、百毒杀等，这些药根据其作用交替使用，因此可多备几样。

⑥准备常用的一些药品，如多维、土霉素、恩诺沙星、庆大霉素、呋喃唑酮等。根据本批兔数量准备各种疫苗，如兔瘟疫苗、兔病毒性出血症、多杀性巴氏杆菌病二联灭活疫苗，兔产气荚膜梭菌病(魏氏梭菌病)A 型灭活疫苗等。

（3）笼舍消毒

①用清水对兔舍、兔笼进行全面冲刷。

②用火焰消毒器对兔笼进行火焰喷烧。

③室内兔舍用塑料布封闭门窗，用福尔马林熏蒸消毒，按每立方米空间用高锰酸钾 21 克、福尔马林 42 毫升熏蒸消毒，或福尔马林 30 毫升加等量水喷洒消毒，密闭熏蒸 24～48 小时，消毒效果较好(陶瓷盆在棚舍中间走道，每隔 10 米放一个；瓷盆内先放入高锰酸钾，后倒入甲醛；从离门最远端依次开始；速度要快，出门后立即把门封严；如湿度不够，可向地面和墙壁喷水)。

室外兔舍生石灰及 3％热氢氧化钠溶液消毒，消毒液要保证喷洒到每个角落。

④2 天后打开门窗、通气孔和排风扇，彻底排除多余熏蒸气体。通风时间不少于 24 小时，杜绝人员进出。

⑤清扫兔舍周围环境，道路、院落，用生石灰及 3％热氢氧

化钠溶液消毒,消毒液要保证喷洒到位。

(4)饲料准备:选择干净无污染的饲料原料,如用颗粒饲料,要提前1周储备充足的优质饲料。如用自己设计的配方,要提前7天将饲料准备加工好并放入仓库,注意防潮防霉。

(5)运输准备:引种前2天将准备运输种兔的车辆清理干净,并用2%～3%来苏儿或0.02%百毒杀来消毒。消毒后笼底要放些防震的垫物,并准备好覆盖物。

引种前1天设定好最佳行走路线,根据路途远近预算出车辆到达时间,并提前通知种兔场做好种兔的准备工作;准备好卸车人员及相应的转运工具。

二、种兔的挑选

引种时要仔细观察长毛兔的外部形态特点,如体形、体格、被毛密度(特别是腹毛、腿毛密度)。凡不符合本品种外貌特征的一定不能选作种用,有生理缺陷或畸形的,无论是先天性的还是后天性的,同样不能选作种用。杜绝近亲交配,要保持一定数量的基础群,必要时可以从外地引进种公长毛兔进行血缘更新,以减缓近交系数的上升,获得高品质的后代。

1. 引种数量

引种数量主要决定于资金、笼舍、饲料等条件。引种多,见效快,而且可尽早达到计划的兔群规模。但初养兔户,首次引种数量不宜过多,以8～10只母长毛兔、2～3只公长毛兔为宜,通过饲养和繁殖取得经验后逐渐扩群。

2. 品种特征选择

首先要查看一下种兔有没有编号,通过系谱看该兔的父母是不是纯种,是不是近交后代。

(1)称体重:45日龄的仔兔,体重应在0.75千克以上,低于这个标准的仔兔则不要购买。

（2）看体型：头大、四肢有力、躯体匀称、眼明有神、行动敏捷的是好兔，切忌购买有疥癣病或有生理缺陷的长毛兔。

（3）看兔毛：长毛兔的兔毛以纯白、浓密、细长为好。辨别方法是用手指在长毛兔的背部拽下一小撮兔毛，观察兔毛的颜色、粗细、长短等。

3. 年龄的挑选

种兔的引种年龄以 4～5 月龄的青年兔为好，这类长毛兔已接近成年，抗病力较强，容易饲养，引种后成活率高，同时引种后饲养不久就可配种繁殖，有利于生产发展。如果种兔年龄过大，经济和生产价值低；如果年龄过小，低于 50 日龄，因适应性和抗病力较差，饲养难度大。

识别种兔年龄主要根据趾爪长短、颜色、弯曲度，牙齿颜色和排列等进行鉴别。

（1）青年兔（1 岁以下）：趾爪短细平直，隐藏于脚毛之中，颜色红多于白；门齿洁白、短小而整齐，皮毛光滑而富有弹性。

（2）壮年兔（1～2.5 岁）：趾爪粗细适中，平直，随年龄增长而逐渐露出于脚毛之外，颜色红白相等；门齿白色、粗长、整齐，皮毛光滑，富有弹性。

（3）老年兔（2.5 岁以上）：趾爪粗长，爪尖弯曲，大部露出于脚毛之外，颜色白多于红；门齿粗糙，略呈暗黄，时有破损，排列不整齐；皮肤厚而松弛，行动迟缓。

4. 性别选择

3 个月以上的幼兔和青年兔鉴定时比较容易。方法是右手抓住耳和颈皮，左手中指和食指夹住兔尾，手掌托起臀部，用拇指推开生殖孔，其口部突出呈圆柱形者是公长毛兔；若呈尖叶形裂缝朝向尾部的阴门则是母长毛兔（图 4-1）。

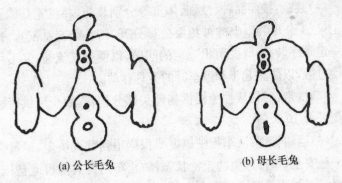

(a) 公长毛兔　　　　　　(b) 母长毛兔

图 4-1　性别鉴定

公长毛兔要求睾丸对称,隐睾或单睾均不能留作种用。母长毛兔乳头在 4 对以上,外生殖器若有炎症,肛门附近有粪尿污染,爪、鼻、耳内有疥癣者,不应选做种用。

三、种兔的运输管理

1. 运输管理

(1)严格检疫:凡是选用的种兔,无论月龄如何,都应是健康的。不能有任何外观明显病症,如鼻炎、眼结膜炎、疥癣、皮肤真菌病、脚皮炎、乳房炎和外伤;确定引种之后应进行兔瘟疫苗的注射。其他疫苗(如巴氏、波氏、魏氏、大肠杆菌等)是否注射,可咨询后处理。

(2)调运前的检查和核对:调运前,要认真核对和检查,包括品种、数量、性别比例、体重、耳号、档案、手续(出场手续和检疫手续,必须开具检疫证)。

(3)运输工具检查:主要是运输笼是否规范,防止笼具破损,网孔过大;运输车辆运转是否正常和安全,是否备足必要的用具。

（4）装载：按照品种、性别、体重等分别装笼，并将笼具编号和记录（3个月龄以上的种兔要公母分开，防止杂交乱配）。按照一定顺序装载，既要留出一定的间隙，以便空气流通，又不可装得过散，以防止起步和停车时的笼具移动。

（5）携带饲料：从种兔提供场购买部分饲料，最少可供所购种兔采食10天的。

（6）运输管理：汽车行驶速度要根据道路状况决定，尽量保持平稳安全，保持种兔的正常状态，防止车内笼具颠覆或挤压。按照天气变化情况，每2～3小时停车1次，查看兔的状况，发现异常及时妥善处理。若遇炎热高温天气，可在树阴下停车避暑。

如运输时间超过48小时，要停车喂兔。宜选用容易消化、含水分较少、适口性较好的青绿饲料，如青干草、胡萝卜、树叶（杨树叶、柳树叶、榆树叶、桦树叶）等，切忌喂用含水分较多的青菜、菠菜、大白菜和马铃薯等，以免引起腹泻；精饲料可少喂或不喂，但要及时供给饮水。

2. 到场后的管理

（1）及时卸兔：引进的种兔到场后，要立即卸兔。应从最上面的笼具往下依次搬运，每卸一笼，检查种兔的健康状况，核对耳号和数量，挑出病兔、残兔和死兔。

（2）隔离观察：新引进的种兔应隔离饲养和观察。对出现的病兔，单独隔离，及时诊断。如果是普通疾病，可对症治疗，直到痊愈。如系传染性疾病，应慎重处理，避免传染。在此期间，为使种兔得到很好的体力恢复，同时也便于观察记录，要采取单笼饲养。

（3）科学饲养：到场后不要急于喂食，先饮少量的糖盐水，恢复体力，待休息2个小时后，再喂些从原场带回的饲料直到1周左右，以免造成消化机能的紊乱、拉稀。

经过长途运输,种兔十几个小时、甚至几十个小时没有采食饲料,腹中空空,有强烈的饥饿感。如果此时采取自由采食,这部分种兔则容易采食过多的饲料而造成消化不良,诱发疾病。可采取逐渐过渡的办法,第一天让种兔采食半饱(正常采食量的50%左右),第二天采食多半饱(正常采食量的75%左右),第三天正常采食。如果一次引进的是不同年龄或不同生理阶段的种兔,要分类摆放,分类管理,不应将它们混放乱摆。

第二节　长毛兔的生殖生理

兔类属无季节性繁殖动物,一年四季均可发情、繁殖后代,但在粗放的饲养管理或四季温差较大的自然环境下,以气温适宜的春、秋季节发情较为明显,夏季和冬季不仅表现性欲差,而且发情征候不明显,配种受胎率较低,产仔数较少。

一、性成熟和初配年龄

1. 性成熟

初生仔兔生长发育到一定年龄,公长毛兔睾丸能产生具有受精能力的精子,母长毛兔卵巢能产生成熟的卵子。公、母长毛兔交配如能受精、妊娠和完成胚胎发育过程,则已达到性成熟阶段。长毛兔的性成熟年龄随品系、性别、营养、季节及遗传等因素的差异而有区别。

(1)品系:中系长毛兔的性成熟年龄为3~4月龄,德系长毛兔则为4~5月龄。

(2)性别:一般母长毛兔的性成熟年龄要早于公长毛兔,通常同品系的母长毛兔性成熟比公长毛兔早1个月左右。

(3)营养:相同的品系,饲养条件优良,营养状况良好的比营养差的性成熟要早半个月左右。

（4）季节：一般早春出生的仔兔由于气温逐渐升高，日照变长，性成熟比晚秋和冬季出生的仔兔要早1个月左右。

2. 初配年龄

身体强健的长毛兔在4月龄时就有发情表现，但此时未达体成熟，若此时交配受孕，不但母长毛兔体型、体质及发育受到影响，而且仔兔体型小，母长毛兔乳汁少，仔兔也很难成活，所以应防止过早交配。

长毛兔体成熟后才是最适宜的初配年龄，一般公长毛兔8～9月龄，体重3.5～4千克；母长毛兔6～7月龄，体重3～3.5千克即可进行配种繁殖。据报道，在加强饲养管理的条件下，实施对5月龄、体重达3千克以上的德系长毛兔进行配种，对种长毛兔本身及其后代无不良影响，即在性成熟后接近体成熟时实行早配是可行的。

3. 使用年限

公母长毛兔的使用年限，一般为3～4年。如果体质健壮，使用合理，饲养良好，配种利用年限可适当延长0.5～1年。但过于衰老的种兔因性活动机能减退，所产仔兔品质下降。据试验，老年亲本所产的母长毛兔与老年公长毛兔配种，其胚胎死亡率高达30%左右，老年公长毛兔与中青年母长毛兔配种的受胎率低于2岁公长毛兔的配种受胎率。

二、发情表现与发情周期

母长毛兔性成熟后，由于卵巢中存在着不同发育阶段的卵泡，卵泡在发育过程中产生的雌激素通过血液循环作用于大脑活动中枢，引起母长毛兔生殖器官的变化和性欲，这就是发情。

1. 发情表现

母长毛兔发情时,需细心观察,主要有以下表现:

(1)行动表现:母长毛兔发情时表现为兴奋不安,顿足,仰头,左顾右盼,频频排尿,食欲减退,并常在饲盘或其他用具上摩擦下颚,当公长毛兔追逐爬跨时母长毛兔后躯抬高,接受交配,甚至调情、爬跨其他公长毛兔、母长毛兔,用手抚摸兔背时,母长毛兔下蹲贴伏笼底将尾举起。

(2)外阴部变化:外阴部潮红充血,有光泽和分泌物。发情开始外阴部呈粉红色或淡红色,随着发情的进展颜色加重呈大红色或老红色,最后变成黑紫色,发情便进入结束阶段。

2. 发情周期

(1)初次发情:在一般情况下,母长毛兔的发情周期为8～15天。自发情开始至结束的时间为持续期,一般为3～5天。

据观察,母长毛兔发情的周期性变化规律比其他家畜差,对发情初期母长毛兔连续捕捉,频繁而不熟练的检查,均可影响母长毛兔的发情征候;相反,将发情初期的母长毛兔放在公长毛兔笼旁或同笼饲养,任其追逐爬跨,则可明显加快发情进程。

母长毛兔发情受季节气温的变化影响较大,在气候较温和的春、秋季节发情较为明显,而在夏、冬季则性欲较差,应注意搞好发情鉴定,尤其是群体较大时,不要漏掉发情母长毛兔而延误了配种。

(2)产后发情:母长毛兔分娩后第二天即有发情表现,配种后就可受胎,受胎率达80%～90%,尤其公母长毛兔混养时表现更为突出。以后随泌乳量增加及膘情下降使受胎率有所下降,至断奶后3天左右母长毛兔又普遍表现出发情征候,配种后受胎率较高。

3. 配种适期

兔类为刺激性排卵动物,存在着发情不一定排卵,排卵不一定发情的现象。根据实践经验,人工授精一般在刺激排卵后2～8小时内输精受胎率最高;自然交配则在发情盛期、阴道黏膜潮红、肿胀时配种受胎率最高。

第三节　配　种

一、繁殖计划

长毛兔繁殖虽无明显的季节性,一年四季均可配种繁殖,但因不同季节的湿度、光照、营养状况不同,对母长毛兔的繁殖性能有一定影响。因此,正确制定繁殖计划意义重大。

春季气候温和,种兔性欲较强,受胎率、产仔数和育成率较高,是全年最好的繁殖季节。据观察,3～5月份母长毛兔发情率高达 80%～85%,发情期配种受胎率为 85%～90%,平均每窝产仔数达 7～8 只。所以,一般兔场应力争春季能配上 2 胎。南方各省春季多梅雨,湿度较大,兔病较多,死亡率较高(尤其是仔兔),故一定要做好防湿、防病等项工作。

夏季气候炎热,长毛兔食欲较差,种兔性欲不高,空怀率和仔兔死亡率较高,是全年配种繁殖最差的季节,要适当控制繁殖,最好停繁,若要繁殖配种,可在早晨和傍晚天气凉爽时配种。据观察,6～8月份母长毛兔发情率为 20%～40%,受胎率为 10%～30%,每胎产仔数仅 2～5 只。即使产仔,因哺乳母长毛兔天热减食,泌乳量少,仔兔瘦弱多病,成活率很低。但如母长毛兔体质健壮,又有遮荫防暑条件,仍可适当安排配种繁殖。

秋季气温降低,但由于受夏季气候的不利影响,体况仍然较差,公长毛兔精液质量一时难以恢复,又加上换毛季节,致使受胎率仍处于较低水平。但实践证明,早秋的受胎率比中秋要高,应注意抓好早秋繁殖。据观察,9～11月份母长毛兔发情率为75%～80%,配种受胎率为80%～85%,每胎产仔数为5～7只。但秋季正值长毛兔的换毛季节,营养消耗较大,所以需合理安排,一般繁殖1胎为宜。

冬季气温低,天气冷,且青绿饲料缺乏,营养水平低,兔体质较弱,受胎率低,所生仔兔如无保温设备,容易冻僵或冻死。若要冬繁,则须喂给营养丰富的饲料,以保持健壮的体质,所生仔兔要有保温设备,必须精心护理,使其正常发育,仍可获得较好的育成率。据观察,12月份至翌年2月份母长毛兔发情率为60%～70%,配种受胎率为50%～60%,每胎产仔数为6～7只。但冬季如有较多的青绿饲料供应,又有良好的保温设备,仍可获得较好的繁殖效果,且冬繁长毛兔的被毛密度大,产毛量高。

二、配种准备

要想获得理想的配种效果,根据一些养兔场的多年实践,必须做好以下准备工作:

1. 公母长毛兔的健康检查

配种前应对公、母长毛兔的健康状况进行严格检查,发现体质瘦弱、性欲不强、患有疾病的,一律不准参加配种。

2. 编制配种计划

长毛兔每年繁殖几胎比较适宜,这要根据各地的饲料条件和管理水平而定。条件好者可多繁殖,差者宜少繁殖,一般以年繁4～5胎为宜。

3. 搞好清洁卫生

配种前必须清除兔笼内的粪便、污物,搞好清洁卫生工作,特别是公长毛兔笼舍,最好进行1次彻底消毒。

4. 检修好笼舍

配种前应检修好笼舍,特别是笼底板,以防止配种时发生外伤等事故。公长毛兔笼内的食盆、水槽等最好在配种前移至笼外。

5. 进行 1 次剪毛

公、母长毛兔在配种前最好进行 1 次剪毛,以利于配种和提高受胎率,特别要剪净公、母长毛兔生殖器周围的污毛,以免引起各种炎症。

6. 注意配种环境

配种时应将母长毛兔放入公长毛兔笼内,切勿将公长毛兔放入母长毛兔笼内,以利于公长毛兔集中精力完成配种任务,提高受胎率。

7. 安排配种时间

配种时间,春、秋两季最好安排在上午 8～10 时,夏季利用清晨和傍晚,冬季选在比较暖和的中午配种,喂料前后 1 小时不宜配种。

8. 定期检查精液

对种公长毛兔必须定期进行精液品质检查,及时淘汰生产性能低、精液品质不良(精子密度过低、畸型率高等)的公长毛兔。

9. 做好配种记录

配种前应准备好各种登记表格,及时做好配种、产仔等的记载工作。

三、配种方法

根据长毛兔的生理特点,配种方法有两种,即人工辅助交配和人工授精。确定使用何种配种方式,要因时因地因条件而定。

1. 人工辅助交配

在长毛兔的繁殖过程中，家庭养兔者普遍采用人工辅助交配。这种方法是在公、母长毛兔分群或分笼饲养情况下，发现母长毛兔发情时，将母长毛兔放入公长毛兔笼内，在配种员的看护和帮助下完成配种过程。

配种时应注意的事项有以下几点：

(1)配种时切忌围观，过度喧闹，以免影响配种过程，甚至引起公、母长毛兔不愿配种的现象。

(2)母长毛兔对公长毛兔具有选择性，如果将母长毛兔送入公长毛兔笼内后，长时间奔跑，拒绝交配，甚至发生咬斗。对拒绝配种的公、母长毛兔，除取出母长毛兔，更换公长毛兔外，也可进行强迫配种，即右手抓住母长毛兔颈皮和双耳，左手插入腹下托起臀部，高举尾部，便于公长毛兔交配。

(3)发现公长毛兔发出"咕、咕"的叫声及顿足声后，表示配种已顺利完成，应立即取出母长毛兔，检查有无假配，如无假配应提举臀部，轻拍数下，以防精液逆流。

(4)在人工辅助交配情况下，1 只健康公长毛兔可承担 8～10 只母长毛兔的配种任务。种公长毛兔每日配种 1 次，连续 2～3 天休息 1 天。

2. 人工授精

人工授精就是不用公长毛兔直接交配，而是人工采取公长毛兔的精液，经品质检查、稀释后，再输入到母长毛兔生殖道内，使其受胎。其优点在于能充分利用优良种公长毛兔，提高兔群质量，减少疾病传播，便于集约化生产管理。其缺点是需要有熟练的操作技术和必要的设备等。在大型养兔场或养兔户比较集中的地区均可采用人工授精法，这是目前养兔业中最经济、最科学的配种方法。

(1)授精前准备：显微镜（200倍）一台，输精器一支，激素、载玻片、盖玻片、生理盐水、促排3号，采精器一套。

采精器的制作，可用直径5厘米的硬塑料管，截成6厘米一段；两头磨光滑，中间钻直径1.3厘米的圆孔，以能塞进盐水瓶盖不漏水为准，制成后把人用避孕套的一头用剪刀剪去，放进塑料管内，两头翻卷，套在塑料管两头，再用橡皮筋扎紧，使其不漏气，再把另一个消过毒的套放在里面，用于收集公长毛兔精液。

(2)采精方法

①消毒：把采精内胎、输精器和空针放消毒盒内，用开水消毒15分钟，15分钟后取出，用生理盐水把内胎、输精器、空针冲洗2～3次，放好备用。

②种兔准备：把采精用的种公长毛兔生殖器附近的毛剪短，把准备配种的母长毛兔挑好，并且注射促排3号，每兔0.5～1微克。

③采精方法：把消过毒的内胎放入采精器内，把采精器加上50～60℃左右的温水，加满后，用瓶塞塞住，用针头扎进塞内用嘴吹气，加压。加压后，把采精器前放上少量的盐水，起润滑作用。采精时，一个助手抓住母长毛兔，采精人员右手握住采精器，左手抓住公长毛兔背部，采精器对准公长毛兔的阴茎部位，等待公长毛兔爬母长毛兔时，采集公长毛兔的精液。采精后，把采精器内的温水轻轻放掉，不要把水溅到精套内。

(3)精液检查：采集的精液能否用于输精或稀释，须经肉眼观察和显微镜检查后才能确定。

肉眼观察的项目有射精量、色泽和气味等。正常公长毛兔每次射精量为0.5～2.5毫升，色泽正常者为乳白色，无异臭味。

显微镜检查的项目有精子活力和密度等。在生产实践中，用于输精的精子活力应在0.6级以上（60%的精子呈直线前进运动),精子密度应在"中"级以上(每毫升精液含精子5亿～10亿个)。

(4)精液稀释:精液稀释的主要目的是扩大精液量和延长精液保存时间,稀释倍数一般为1:(5～10),稀释液最好现用现配。常用的稀释液主要有以下三种:

①生理盐水稀释液:取精制氯化钠0.9克,加蒸馏水至100毫升,在水浴锅中加热煮沸15～20分钟,至室温后加青霉素、链霉素各8万～10万单位,或用市售生理盐水加抗生素备用。

②牛奶稀释液:取鲜奶或奶粉(应先配成10%奶粉液)在水浴锅中加热煮沸15～20分钟,至室温后用4层纱布过滤,每100毫升奶液中加青霉素、链霉素各8万～10万单位。

③葡萄糖稀释液:取精制无水葡萄糖7克,加蒸馏水100毫升,待溶解后在水浴锅中加热煮沸15～20分钟,至室温后加入青霉素、链霉素各8万～10万单位。

(5)精液保存

①常温保存:指将稀释后的精液保存在20℃左右环境中,保存时间很短,仅1～2小时。

②低温保存:即将精液保存在0～5℃环境中,可保存几天。应特别注意稀释后的精液要缓慢降到5℃。方法是用干毛巾或双层纱布将装有稀释精液的容器裹4～5层后放进低温环境(如冰箱)中保存。

③冷冻保存:指精液用添加防冻剂(如二甲亚砜、甘油)的稀释液稀释,保存在零下79℃(固体二氧化碳)或零下196℃(液氮)的超低温环境中。精子在这种温度下可长时间保存。

(6)输精技术:输精是人工授精的最后一个技术环节。人工授精一般在刺激排卵处理后2～8小时内输精。输精前,需将母长毛兔外阴部用浸过1%氯化钠溶液(或6%葡萄糖液)的纱布或棉球擦拭干净。

助手抓住母长毛兔,阴部朝上,输精人员左手用食指和中指夹住母长毛兔的尾巴,拇指朝下翻开母长毛兔生殖器,右手把盛有精液的输精器,轻轻插入到母长毛兔的阴道5~6厘米(不要过深或过浅,深了产仔少,过浅受胎率低),注入稀释后的精液0.3~0.5毫升。输精完毕,最好轻拍一下母长毛兔臀部或将母长毛兔后躯抬高片刻,以防精液倒流。

母长毛兔输精完毕,做好记录。

(7)人工采精、输精的注意事项

①整个操作过程应严格执行消毒制度。

②采精时的室温应保持在15℃以上,假阴道内壁温度要求保持在40~41℃,稀释液的温度应与精液等温(25~35℃),要防止温度过高或过低。

③输精时动作要轻而缓慢,输精部位要准确。

④一般最好每只母长毛兔用1支输精器,以杜绝疾病传播。

⑤稀释液应现用现配,抗生素在临用前添加。

⑥健康公长毛兔每日可采精1~2次,连续5~7天,休息1天。

四、提高长毛兔繁殖力的技术措施

1. 严格选种

及时淘汰繁殖性能差的、体弱有病的公、母长毛兔。公长毛兔性欲旺盛,精液品质好的留用;母长毛兔发情正常,繁殖力强,母性好者留用。隐睾或单睾的不得留种。

2. 合理选配,禁止近亲交配

在长毛兔生产中切忌近亲交配,近亲繁殖容易产生死胎、畸形仔兔和后代生活力降低等问题,种兔场应严格建立种兔档案制度,养兔专业户也应做好配种繁殖记录,定期更新种公长毛兔。

3. 科学饲养

要保持种公长毛兔的良好种用体况,必须供给全价营养,特别是蛋白质、矿质元素和维生素等。在配种季节来临前15～20天就应调整日粮,逐渐增加蛋白质饲料和矿质元素、维生素的喂量。若公长毛兔性欲差、配种力低,除加强运动、多晒太阳、合理饮食、补充胡萝卜和大麦芽等富含维生素的青料外,可兼之口服丙酸睾丸片,每次1片,每天3次,连用3～5天,也可喂服鸡蛋黄,每次半枚,一天2次,连用2～3天,可以提高公长毛兔性欲和生精能力。

4. 适当、有效的刺激

公、母长毛兔应给予适当、有效的刺激,公长毛兔应定期接触母长毛兔。对不发情的母长毛兔和不接受配种的母长毛兔,可增加与公长毛兔接触的次数。每天放进公长毛兔笼内,让公长毛兔追逐爬跨2～3分钟,经2～3次后能诱发母长毛兔性激素分泌,提高受胎率,剪毛也可刺激母长毛兔排卵。

5. 合理利用种兔

一般壮年公长毛兔每天可配种2～3次,青年公长毛兔1～2次,但连配2～3天后应休息1天。

种公长毛兔的使用年限应为3～4年,每年必须选留1/3以上的后备兔。整个种公长毛兔群应以青壮年公长毛兔为主。

6. 复配和双重交配

母长毛兔进行复配和双重交配不仅受孕率较高,而且产仔数也较多。

(1)重复配种:重复配种是在公、母长毛兔第一次配种后5～6小时,再用同一只公长毛兔交配1次。一般情况下,只要母长毛兔发情正常、公长毛兔精液品质良好,公长毛兔配种1次就可使母长毛兔受孕。但是,为了确保母长毛兔正常妊娠和防止假孕,可以采用重复配种。

母长毛兔空怀的原因,往往是配种后精子在到达输卵管受精部位前就已死亡或活力降低而失去受精能力。尤其是久不利用配种的种公长毛兔,精液中的衰老和畸形精子数量较多,只配1次可能会引起不孕或假孕,所以最好采用重复配种,第一次交配的目的是刺激母长毛兔排卵,第二次交配的目的是正式受孕,提高母长毛兔的受胎率和产仔数。

(2)双重配种:双重配种是指1只母长毛兔连续与2只具有不同血缘关系的公长毛兔交配,中间相隔时间不超过30～45分钟,以增加受精时卵子的选择性。据试验,采用双重配种之后,由于不同公长毛兔精子间的相互竞争,明显增加了卵子的选择性;同时因受精卵获得了他种精子作为养料,不仅提高了母长毛兔的受胎率,而且增强了仔兔的生活力。双重配种只适用于商品生产,不宜用于种兔生产,以防混杂血统。另外,在第一只公长毛兔交配后,应及时将母长毛兔送回原笼,待公长毛兔气味消失后再与第二只公长毛兔配种。否则,因母长毛兔身上留有其他公长毛兔的气味而引起争斗,不但不能顺利配种,还可能咬伤母长毛兔。

另外,在生产中发现有的长毛兔养殖户采取"配血窝"或"血配"方式,这种方式对于长毛兔来讲不可取,应禁止。

7. 人工催情

对发情不良的母长毛兔,除采取合理的饲养管理措施外,还可以采取以下措施来促进发情和受胎。

(1)营养催情:配种前1～2周,对体况较差的母长毛兔补喂精料、青绿饲料(胡萝卜等)、发芽饲料(大麦芽等),催情效果显著。

（2）性诱催情：将长期不发情或发情不正常的母长毛兔放入公长毛兔笼内，让公长毛兔追逐、爬跨，1小时后将母长毛兔放回原笼，经2～3次后母长毛兔即可出现发情现象。

（3）信息催情：将母长毛兔与公长毛兔隔笼饲养（以铁丝笼最好），或将母长毛兔放入养过公长毛兔的笼内，通过公长毛兔释放的特殊气味，即可诱发母长毛兔发情。

（4）药物催情：每兔每日内服维生素E1～2片，连用3～5天；内服中药催情散（每兔每天3～5克，连用2～3天），均有良好的催情效果。

（5）激素催情：肌注绒毛膜促性腺激素（每次每只40～60单位）或促卵泡素（每次每只50单位），2～3天后便可发情配种，受胎率可达70%以上。

（6）剪毛催情：配种前1～2天，对母长毛兔进行剪毛，具有明显的催情效果，配种受胎率可达75%～80%。

综上所述，长毛兔繁殖力是指公、母长毛兔维持正常繁殖机能、生育子代所表现出的能力，这种能力既是先天遗传的性能，也受后天环境等因素的影响。因此，在生产实践中，必须采取综合措施，才能发挥其繁殖潜力。

第四节　长毛兔的纯种繁育

纯种繁育是同一品种内部选种选配的方法，即在同一品种内相对同质的和来源相近的公母长毛兔，一代复一代地进行严格的选种选配，加强兔群的培育，不断提高长毛兔的生产性能并能稳定地遗传给后代，产生相似的个体。但是，长期在一个特定环境下进行纯繁，又可能导致后代生活力和生产性能下降，因此，种兔场常常采取血缘更新的办法，定期引入同一品种不同血缘的公、母种兔，以改善兔群的品质。

1. 品系繁育

品系繁育是纯种繁育的一种形式，是迅速提高品种质量的有效方法。通过品系繁育可以更进一步提高生产性能，防止品种退化，还可以培育出新品种。一个品种内的不同类群即品系越多，品种的结构就越复杂，增加了品种变异性，如果用不同的品系交配繁殖，将使遗传基础变得更为丰富，使品种永远地处于不断改进与提高的境地。

对引进的外来品种，要做好保种和驯化工作。通过一定的育种手段和措施，将不同的表型值分成若干类群，采用同质选配的办法，建立多个各具突出特点的类群，使之适应当地环境条件和饲养条件，其高产性能和优良品质得到保持和发展。如果这些特点能固定下来，并能遗传下去，到一定程度后，再进行品系间交配，创造新的品质。

2. 血液更新

在繁殖中随着后代的延续，血统也会越来越近。为了避免近亲繁殖，产生种质的退化现象，不断引进无血缘关系的种兔进行血液更新，这是最简单、最有效的防止品种退化的措施之一。

3. 建立核心繁殖群

选出最好的"良种兔"建立核心繁殖群，通过偏草、偏料、偏管理的办法，给予最优厚的待遇。在该群母长毛兔的第二胎中，按初选、复选、定选的方法，将出类拔萃的优良个体选入核心群；一般较好的放入基本母长毛兔群，用以扩大数量，满足生产需要；差的列入生产群，不能用来繁殖。

4. 做好记录

为正确进行纯种繁育工作，每个兔场都必须进行详细的记录和统计工作。这是改进工作、总结经验、发现问题和开展系统育种工作的基础。

(1)个体记录卡：成年公母种兔都应有个体记录卡，一般挂在兔笼前壁上。工作人员应及时把每只公母长毛兔的情况分别填写在记录卡中。

(2)种兔卡片：凡成年公母长毛兔均应有记载详细的种兔卡片，主要用以记录耳号、系谱、生长发育、繁殖性能、生产性能和各种鉴定成绩等资料。

(3)母长毛兔配种繁殖记录：主要记录胎次、配种日期、分娩日期、产仔数、初生重、断奶重等。

(4)种公长毛兔配种记录：主要记录种公长毛兔的初配年龄、体重、与配母长毛兔及配种日期、配种效果等。

(5)青年兔生长发育记录：主要记录出生日期、断奶体重、3月龄体重、6月龄体重和体尺、成年体重等。

第五章　长毛兔的饲养管理

搞好饲养管理是充分发挥长毛兔生产潜力、提高经济效益的关键措施。饲养管理不当,会导致兔群生产受阻,甚至引起疫病暴发,造成重大的经济损失。因此,养兔成败的关键很大程度上取决于科学的饲养管理。

第一节　长毛兔的饲养管理原则

要想养好长毛兔,必须根据长毛兔的生活习性和行为进行管理。

1. 草料为主,精料为辅

长毛兔为草食动物,饲料应以草料为主。据试验,没有草光有料是养不好长毛兔的,一般青粗饲料应占全部日粮的 50%～70%,精料以 30%左右较为适宜。每天采食的青饲料数量一般以体重的 20%左右较为适宜,体重 3.5～4 千克的成年兔,每天应供给青粗饲料 700～800 克。而精料采食量以体重的 4%左右比较理想,体重 3.5～4 千克的成年兔,每天应补喂混合精料100～150 克。

另外,兔对粗纤维有一定的消化能力,饲料不足时补充一定的青粗饲料很有必要,但一定要注意品质。在日常生产中,有两种错误的偏向应防止:一是认为兔是草食动物,只喂青草,不喂精料。这样虽然可以维持生命需要,但幼兔生长缓慢,种兔繁殖率低下，商品兔产毛量少，低投入，低产出，低效益；二是为了达到高产的目的，投入大量的精料。这样一不经济，二还容易发生消化道疾病和代谢性疾病。为发挥最佳的经济效益，应根据不同类型的兔子，合理地搭配青、粗、精饲料。

2. 合理配料，忌喂单一

长毛兔生长快，繁殖力高，体内代谢旺盛，加之生产兔毛需要各种营养参与代谢过程。所以，饲喂长毛兔的饲料不仅要注意营养物质的数量，还要考虑到质量，特别要满足长毛兔对能量、蛋白质、脂肪、无机盐和各种维生素的需要，要强调饲料的合理搭配，严禁用单一饲料饲喂长毛兔。

饲料多样化，有助于提高日粮中蛋白质的含量和利用率，也能促使其他各种营养物质互补余差，保证长毛兔能够获得全价营养物质。例如，禾本科籽实及副产品含赖氨酸、色氨酸较低，豆科籽实及副产品则含赖氨酸、色氨酸较高，适当搭配就可明显提高饲料的全价性。

3. 定时定量，看兔喂料

长毛兔的饲喂制度，通常可分为自由采食和限量饲喂两种。目前，我国养兔大多采用定时定量饲喂方式，按照不同兔的营养需要和季节特点，定出饲养管理的操作日程，每天的饲喂次数、时间及喂量都要保持相对稳定，不能忽早忽迟，也不能饥饱不均。

根据生产实践，定时定量饲喂长毛兔可使兔子养成良好的采食习惯，增进食欲，每天喂料次数以 3~5 次为宜。但在喂饲过程中还必须做到"五看"：

一看兔体大小投料，不能一律对待：一般体型大的成年兔投料要多些，青年兔、幼兔要适当少些，青粗饲料应按季节搭配喂用。

二看兔子肥瘦程度投料：较肥的兔子应适当减少精料，增喂青粗饲料；瘦弱兔子应多喂精料，适当补喂一些浸泡、煮熟的黄豆或捣碎的豆渣。

三看粪便干湿度投料：如果粪便干结，则要增加青料喂量，拌料以湿度大些为宜；如果粪便过软，则要减少青料喂量，拌料也以较干燥些为佳。

四看饥饱情况投料：一般兔子都以喂到八成饱为宜，喂料过饱容易引起消化不良、肠炎、腹泻等；喂料不足则会影响生长和生产性能的正常发挥。

五看天气冷热情况喂料：当气温超过 30℃时，则以早、夜喂料效果为佳；冬季天寒，精料以热水冲拌、捏团饲喂为好。

4. 调换饲料逐渐增减

夏、秋以青绿饲料为主，冬、春以干草和根茎类、多汁饲料为主。饲料改变时，新换的饲料量要逐渐增加，使兔的消化机能与新的饲料条件逐渐相适应起来。若饲料突然改变，容易引起长毛兔的肠胃病而使食量下降或绝食。

5. 切实注意饲料品质

长毛兔对饲料的选择比较严格，凡被践踏、污染的草料，霉烂、变质的饲料，一般都拒绝采食。对怀孕母长毛兔和仔兔尤应重视饲料品质，以防引起仔兔肠胃炎和母长毛兔流产。为了改善饲料的适口性，提高消化率，各种饲料在饲喂前必须适当加工、调制。

（1）青草和蔬菜类饲料应先剔除有毒、带刺植物，如受污染或夹杂泥沙则应清洗晾干再喂。水生饲料更要注意清除霉烂、变质和污染部分，晾干后再喂。对含水量高的青绿饲料应与干草搭配饲喂，单喂效果不好。

（2）粗饲料（干草、秸秆、树叶等）应先清除尘土和霉变部分，最好粉碎成干草粉与精料混喂或制成颗粒饲料饲喂。

（3）块根饲料要经过挑选、洗净、切碎，最好刨成细丝与精料混合饲喂；冰冻饲料一定要解冻或煮熟方可饲喂。

（4）谷物饲料（大麦、小麦、玉米等）和油饼类饲料均需磨碎或压扁，最好与干草粉拌湿或制成颗粒饲料饲喂。

据生产实践证明，注意饲草、饲料的品质，还必须做到以下"十不喂"：

一不喂霉烂、变质饲料。

二不喂带雨、露水的青绿饲料。

三不喂粪、尿污染的饲料。

四不喂农药污染的饲料。

五不喂冰冻饲料。

六不喂发芽马铃薯和带黑斑病的甘薯。

七不喂未经蒸煮或焙烤的豆类饲料。

八不喂有毒植物。

九不喂大量的牛皮菜、菠菜等。

十不喂大量的紫云英等青绿饲料。

6. 要注意饮水

水为兔生命所必需，因此，平时必须注意保证水分的供应，应将长毛兔的喂水列入日常的饲养管理规程。供水量根据长毛兔的年龄、生理状态、季节和饲料特点而定。幼龄兔处于生长发育旺期，饮水量要高于成年兔；妊娠母长毛兔需水量增加，必须供应新鲜饮水，母长毛兔产前、产后易感口渴，饮水不足易发生残食或咬死仔兔现象。高温季节的需水量大，喂水不应间断；天凉季节，仔兔、公长毛兔和空怀母长毛兔每日供水 1 次；冬季在寒冷地区最好喂温水，因冰水易引起肠胃疾病。

7. 注意卫生

长毛兔体弱抗病力差且爱干燥,每天须打扫兔笼,清除粪便,洗刷饲具,勤换垫草,定期消毒,经常保持兔舍清洁、干燥,使病原微生物无法孳生繁殖,这是增强兔的体质、预防疾病的必不可少的措施,也是饲养管理上一项经常化的管理程序。

要保持兔舍清洁卫生,通风干燥,必须注意以下几点:

(1)每天定时清扫兔舍1次,食槽、饮水器、笼底板每5～7天彻底清洗1次,可用0.1%～0.2%高锰酸钾或1%～2%漂白粉进行消毒。

(2)饲养员每天要对兔舍周围环境、兔舍地面粪尿沟打扫1次。每周至少带兔消毒1次,场区每2周全面消毒1次。

(3)食槽、水盆要勤清理、勤清洗,保持干净。

(4)饲养员应定期进行健康检查,传染病患者不得从事养兔工作。

(5)饲养员及其他工作人员的工作服、水靴要经常洗刷、消毒。

(6)为保证兔场健康安全,兔场人员不对外开展兔的配种工作。

(7)传染病致死的兔尸或因病扑杀的死兔应进行无害化处理。兔场不得出售病兔、死兔。

(8)兔场的粪便经堆积发酵后作农业用肥。兔场污水应经发酵、沉淀后才能作为液体肥使用。

8. 保持安静

长毛兔胆小,一旦受到惊吓、追捕、转群等应激因素的影响,就会引起精神不安,食欲减退,甚至患病死亡。

为保持安静,保证长毛兔的正常生长和生产,必须注意以下几点:

(1)兔舍必须保持安静,防止骚扰。

(2)为防止疾病传染,兔场应谢绝参观,非兔舍管理人员严禁入内。兔场和兔舍的进出口处都应设置消毒池,以便管理人员出入消毒。

(3)在日常饲养管理工作中,或接近兔笼、兔舍和兔群时,都要轻手轻脚,保持安静,避免突然发出噪声,以免影响长毛兔的健康。

(4)严禁猫、狗、老鼠、黄鼠狼等进入兔舍,一旦进入兔舍,不仅会惊吓长毛兔,而且还会咬死仔、幼兔。

9. 做好防潮工作

环境潮湿,长毛兔容易患球虫病、疥癣病和各种细菌性传染病,因此,平时要做好防潮工作。

(1)早春、晚秋、阴雨天气,气温突然下降,要及时生火供暖,避免兔舍温度突然下降而使兔生病,还要去潮气,防止病原体滋生。

(2)夏季阴雨天气,空气中湿度较大,高温与高湿均不利于长毛兔的生长繁殖,为此,室外兔舍务必要搭棚遮荫,室内兔舍则应安装纱窗、纱门,敞开窗,促进空气对流交换。

(3)可在地面撒些生石灰、草木灰用以吸潮,降低室内湿度。

(4)雷雨天气,应暂时关闭窗户,防止雨水洒进室内,加重室内潮湿,并及时排除兔舍周围的积水。

10. 日常观察

(1)每天观察长毛兔的行为表现、粪便状况,如有异常则需记录,并作相关的检查。

(2)正常健康兔夜间有"食软粪"习性,早上注意观察笼内软粪量。有软粪剩余,是不健康的信号之一,须记录并查找原因。

11. 修爪

兔的爪具有终身生长的特性,在笼养条件下,失去了磨短了的机会，而且随着月龄的增加脚爪不断生长，不仅影响活动，而且在走动中很容易卡在笼底板间隙内，导致爪被折断。同时，由于爪部过长，脚着地的重心后移，迫使跗关节着地，是造成脚皮炎的主要原因之一。因此，及时给种兔修爪很有必要。

修剪时将兔保定，放在胸前的围裙上，使之臀部着力，露出四肢的爪。剪刀从脚爪红线前面0.5～1厘米处剪断即可，不要切断红线。如果一人操作不方便，可让助手配合操作。剪断爪之后，可用锉刀将其端部锉尖，以便种兔着地舒服。种兔一般从1岁以后开始剪爪，每年修剪2～3次。

第二节 长毛兔分类饲养管理

一、种母长毛兔的饲养管理

种母长毛兔是兔群的基础，兼负着妊娠、产仔、哺乳和产毛等多种任务，营养消耗很大，特别是妊娠后期和哺乳期，更应加强饲养管理。

（一）空怀母长毛兔的饲养管理

母长毛兔的空怀期是指仔兔断奶到再次配种怀孕的一段时期。这个时期的母长毛兔由于哺乳期消耗了大量养分，身体比较瘦弱，需要多种营养物质来补偿和提高其健康水平。所以在这个时期要给以优质的青饲料，并适当喂给精料，以补充复膘所需用的养分，使它能正常发情排卵。生产实践证明，饲养空怀母长毛兔营养要全面，在青草丰盛季节，只要供给充足的优质青草和少量精料即可满足营养需要，保持七八成膘的适当肥度。

1. 饲喂

饲养空怀母长毛兔应以青绿饲料为主。在青草丰盛季节，体重 3～5 千克的母长毛兔每天可喂给青绿饲料 600～800 克，混合精料 30～50 克；在青草淡季，可喂给优质干草 120～180 克，多汁饲料 100～200 克，混合精料 40～50 克。

母长毛兔过肥或过瘦都会影响发情、配种，因此应及时调整日粮中蛋白质和碳水化合物的比例。对过瘦的母长毛兔应在配种前 15 天左右增加精料喂量，迅速恢复体膘；对过肥的母长毛兔应减少精料喂量，增加运动量。

在配种季节来临前 15～20 天就应调整日粮，逐渐增加蛋白质饲料和矿质元素、维生素的喂量。

2. 日常管理

(1) 空怀母长毛兔最好单笼饲养。

(2) 做好兔舍内空气流通，兔笼及兔体要保持清洁卫生；对长期照射不到阳光的长毛兔要与光照充足的长毛兔调换位置，以促进机体的新陈代谢。

(3) 对长期不发情的母长毛兔，除应改善饲养管理条件外，还可采用人工催情技术，以便及时配种繁殖。

(4) 由于母长毛兔在妊娠期和泌乳期不适于注射疫苗和投喂药物，所以，在母长毛兔的空怀期要做好相应日龄的疫苗注射工作。

(5) 对于仔兔断奶后体质瘦弱的母长毛兔，应适当延长休产期，不要一味追求繁殖胎次，否则将影响母长毛兔健康，使繁殖力下降，也会缩短优良母长毛兔的利用年限，同时会影响到仔兔生活力和成活率，造成经济损失。

(6) 注意观察发情表现，以便及时配种。配种前 1～2 天剪毛。

(二)妊娠母长毛兔的饲养管理

母长毛兔自交配到分娩的一段时期叫妊娠期。在怀孕期间,母长毛兔除维持本身生命活动外,胚胎、乳腺发育和子宫的增长代谢增强等方面都需要消耗大量的营养物质。怀孕母长毛兔在饲养管理上主要是供给母长毛兔全价营养物质,保证胎儿正常发育,加强护理防止流产。

1. 饲喂

饲养妊娠母长毛兔,首先要供给全价营养物质,根据母长毛兔的生理特点和胎儿的生长发育规律,采取正确的饲养措施。

妊娠前期(胚期和胎前期,即妊娠后 1～18 天),因母体器官和胎儿的增长速度很慢,所需营养物质不多,饲养水平稍高于空怀母长毛兔即可。

妊娠后期(胎儿期,即妊娠后 19～30 天),因胎儿生长速度很快,需要营养物质很多,应比空怀母长毛兔高 1～1.5 倍。据测定,体重 3 千克的母长毛兔,妊娠期胎儿和胎盘的总重量可达 650 克以上,其中干物质为 16%,蛋白质为 10%,脂肪为 4.5%,矿质元素为 2%。21 日胎龄时,胎儿体内蛋白质含量为 8.5%,27 日胎龄时为 10.2%,初生时为 12.6%。由此可见,加强妊娠母长毛兔的饲养,提供全价营养,对增进母长毛兔健康,促进胎儿发育均有重要作用。

饲养妊娠母长毛兔,对膘情较好者可采用先青后精的方法,即妊娠前期以青绿饲料为主,每天每只饲喂 800～1000 克,另外可补喂混合精料 35～40 克,骨粉 1.5～2 克,食盐 1 克,到妊娠后期再适当增加精料喂量,以满足胎儿生长的需要(兔的毛囊多发生在妊娠第 20～26 天,因此,增加妊娠母长毛兔的后期营养,可促使毛囊原始体强烈增殖,增加毛囊数量,促进兔毛纤维生长,明显提高兔毛产量);对膘情较差的母长毛兔,从妊娠开始就应采取"逐日加料"的饲养法,每天每兔除喂给青绿饲料 600～800 克外,还应补喂混合精料 50～70 克,骨粉 2～2.5 克,食盐 1 克,以迅速恢复体膘,满足母长毛兔本身和胎儿生长的需要。

母长毛兔分娩前 3～5 天,要适当减少精饲料的喂量,多喂些含水量多的青绿多汁饲料,如胡萝卜、南瓜、冬瓜、菜花叶、各种野菜,一是加强胃肠的蠕动,防止便秘,二是促使乳汁的增多,同时增加饮水量。

2. 日常管理

公、母长毛兔交配后,精子与卵子在输卵管上 1/3 处的膨大部结合而受精。长毛兔的受精时间一般是在排卵后 1～2 小时,在配种后 20～24 小时完成第一个卵裂过程,受精后 72～75 小时胚胎开始向子宫运行,受精后 7 天左右在子宫中着床,形成胎盘。此后胚胎的生长发育完全依靠胎盘吸收母体供给的养料和氧气,代谢产物亦经胎盘传递到母体而排出体外。受精卵在母长毛兔生殖器官中发生的一系列生理变化及发育过程,称之为妊娠。

(1)妊娠检查:母长毛兔配种后,判断其是否妊娠的技术就是妊娠诊断。在实际生产中妊娠诊断常用摸胎检查法,摸胎检查操作简单,准确率高,熟练掌握摸胎技术,可有的放矢地做好对妊娠母长毛兔营养、保胎和接产准备,对空怀母长毛兔及时进行补配,增加养兔效益。

①摸胎时间:摸胎应在母长毛兔配种后 8～10 天进行,安排在母长毛兔空腹时间进行检查。初学者对胚胎及胎位缺乏了解,可在母长毛兔配种后 12～14 天进行,以便于准确鉴定。

②摸胎方法:摸胎时,先将待查母长毛兔放于平板或地面上,使兔头朝向检查者,一只手抓住母长毛兔的双耳和颈部皮肤

保定好,另一只手使拇指与其余四指呈"八"字形,手掌向上,伸到母长毛兔腹下,轻轻托起后腹,使腹内容物前移,五指慢慢合拢,触摸腹内容物的形态、大小和质地,如有触摸到腹内柔软如棉,说明没有妊娠;若触感到有花生大小的肉球一个挨一个,肉球能滑动又富有弹性,这就是胎儿,表明母长毛兔已经妊娠。检查过程中,往往个别母长毛兔怀胎个数少,检查时需由前向后反复触摸,才能检查出胚胎。

③摸胎注意事项:一是早期摸胎,初学者容易把8~10天的胚胎与粪球相混淆,粪球多为圆形,表面光滑,没有弹性,在腹腔内分布面积大,无一定位置,并与直肠粪球相接。胚胎的位置比较固定,用手轻轻捏压,表面光滑而有弹性,手摸容易滑动。二是摸胎时动作要轻,切忌用手指捏压或捏数胚胎,以免引起流产或死胎。15天能摸到似鸡蛋黄大小的胎兔,24天可检查出母长毛兔乳房开始肿胀,腹大而下垂。

妊娠诊断未孕者,应及时进行补配,减少空怀母长毛兔,以提高母长毛兔繁殖力。

(2)妊娠期:长毛兔的妊娠期平均为30~31天,变动范围为28~34天。

妊娠期的长短因品种、年龄、胎儿数量、营养水平和环境等不同而有所差异。老龄兔比青年兔怀孕期长,胎儿数量少的比数量多的怀孕期长,营养状况好的比差的母长毛兔怀孕期长。

(3)精心护理防流产:母长毛兔流产,一般多在怀孕后15~20天内发生。引起流产的原因可分为营养性、机械性和疾病性等。营养性流产多因营养不全,突然改变饲料,或因饲喂发霉变质、冰冻饲料等引起;机械性流产多因捕捉、惊吓、挤压、摸胎方法不当等引起;疾病性流产多因巴氏杆菌病、沙门氏菌病、密螺旋体病及其他生殖器官疾病等引起。

母长毛兔流产亦如正常分娩一样，要衔草拉毛营巢，但产出来未形成的胎儿多被母长毛兔吃掉。为了杜绝流产的发生，母长毛兔妊娠后必须 1 兔 1 笼，防止挤压；不要无故捕捉母长毛兔，特别在怀孕后期要倍加小心。若要捕捉，应该用两只手操作，一手抓颈部，一手托臀部，并保持兔体不受冲击，轻拿轻放；兔笼附近不可大声惊吵，保持安静；饲料要清洁、新鲜，不要任意更换，在每天喂料时应先喂怀孕母长毛兔，尤其是怀孕后期的母长毛兔。

（4）卫生管理：笼舍内要保持清洁干燥，防止潮湿污秽。因为潮湿污秽易引发各种疾病，对妊娠母长毛兔极为不利。发现有病母长毛兔应查明原因，及时治疗。

（5）做好产前准备工作

①怀孕 20 天左右时，将背部及颈部的毛剪去。

②集体兔场母长毛兔大多是集中配种，集中分娩。因此，最好将兔笼进行调整。对怀孕已达 25 天的母长毛兔均调整到同一兔舍内，以便于管理。调整前兔笼和产箱要进行消毒，消毒后的兔笼和产箱应用清水冲洗干净，消除异味，以防母长毛兔乱抓或不安。

③活动式产仔箱要在临产前 3～4 天就要准备好产仔箱，经清洗、消毒后在箱底铺垫 1 层晒干、柔软的干草，临产前 1～2 天（妊娠 28 天）放入笼内，让母长毛兔熟悉环境，便于衔草拉毛筑窝。固定式产房要把遮挡的物品移开，以便母长毛兔能够进入产仔箱。

④产房应有专人负责，冬季室内要防寒保温，夏季要防暑防蚊。

(三)分娩母长毛兔的饲养管理

1. 饲喂

临产母长毛兔,尤其是母性强的母长毛兔,产前食欲减退甚至拒食。

2. 日常管理

(1)分娩预兆:临产母长毛兔,乳房肿胀并可挤出乳汁。外阴部肿胀、红润,阴道黏膜湿润,尾根和坐骨韧带松弛,食欲下降,甚至拒绝采食,在产前数小时甚至1～2天开始衔草拉毛做窝,并将胸部周围的毛拉下,叼入窝内铺垫。但少数初产母长毛兔或母性不强的个体,产前征兆不明显。

拉毛可以刺激乳腺的发育,是一种正常的生理现象,据研究,毛拉得早、拉得多的兔其泌乳性能好。头胎兔有时不会自己拉毛,要协助其拉毛。因初产母长毛兔往往不会咬毛,泌乳则较少,对此,可以人工辅助拔毛刺激乳腺分泌,同时可使仔兔容易找到乳头。

(2)分娩过程:母长毛兔临产时,在激素的作用下表现出子宫的收缩和阵痛,精神不安,顿足刨地,拱背努责,排出胎水等。母长毛兔分娩时多呈犬卧姿势,一边产仔一边咬断脐带,舔干仔兔身上的血液和黏液,分娩即告结束。

母长毛兔多在夜晚和清晨产仔,因无人照料,常因分娩时缺水和饥饿造成母食仔兔,特别是冬季仔兔易受冻伤和鼠害。因此,人为地利用一些手段诱发母长毛兔在白天分娩,便于对母仔加强护理,以提高仔兔成活率。在控制母长毛兔分娩的研究中应用比较多的是激素处理,但效果不理想。有人根据多年养兔实践,在母长毛兔临产前数小时(也有产前1～2天者),让其他母长毛兔产的仔兔吮乳,短者7分钟、长者30分钟临产母长毛兔即可分娩,据报道有效率可达 95%。

(3)产后护理:母长毛兔虽系多胎动物,但产仔时间很短,一般产完一窝仔兔只需 20～30 分钟,但是也有个别母长毛兔产完第一批仔兔后间隔数小时,还会接着产第二批仔兔。母长毛兔分娩,一般不需人工照料,当胎儿产出后,母长毛兔会吃掉胎衣,拉断脐带,舔干仔兔身上的血污和黏液。

①给分娩后的母长毛兔提供饮水:因母长毛兔分娩后口渴,如无水则会咬伤甚至吃掉仔兔。生产中为了防止母长毛兔食仔,应及时供给清洁的温水或麸皮汤。

②清理产箱:产仔结束后,应及时清理产仔箱,清点仔兔数量,挑出死亡兔和湿污毛兔,做好记录作为测定母长毛兔繁殖性能和选种选配时的参考。

③预防母长毛兔乳房炎:产后第二或第三天口服新诺明片 2 片,连用 3 天,或肌内注射 800 万国际单位青霉素,每天 2 次,可预防乳房炎的发生。根据母长毛兔产仔多少,乳汁多少适当增、减青绿饲料的喂量。

④营养不良的母长毛兔产后应及时调整日粮和带仔只数:根据不同情况分别对待,细心观察,经常检查,发现问题及时采取措施。

⑤发现仔兔落于巢箱外或笼底下冻僵,应立即抢救:具体的作法是把冻僵的仔兔放入 42℃的温水中(使头部露出水外),待仔兔体温恢复正常,体色由紫变红,四肢开始活动后,取出仔兔用软毛巾擦干水分,立即放入已经预热的巢箱中。

(4)异常情况的处理

①难产的处理:一般母长毛兔分娩需 20～30 分钟。超过 30 分钟以上,仍不见产出仔兔,或产下 1～2 只仔兔,母长毛兔表现不安,在笼内不停走动、下蹲、努责,呈惊恐状,有的从阴道

流出带血污的分泌物,最后衰竭伏卧不动,触摸腹部有胎儿时属难产。采取相应的助救措施,即可转危为安。

Ⅰ. 怀孕母长毛兔如不能正常顺产,可肌注缩宫素 0.5～0.7 毫升,以避免母长毛兔因高温缺氧而造成死胎。

Ⅱ. 严重时用缩宫素大多无效,剖腹产又因技术、设备等条件限制,往往不易实施,此时采用助产法则比较奏效。

方法是以助手抓住母长毛兔颈部和臀部,使兔仰卧手术台上翻开外阴,可见胎儿头部。术者左手在腹部捏住胎儿,右手用手术摄子钳住胎儿外露部分,徐徐拉出,然后用输精器输入子宫内 40 万～80 万单位青霉素,以防感染。如子宫口已闭合,可肌注缩宫素后再进行处理。产后如发现子宫肿硬,应继续输入子宫内青链霉素,每天 1 次,必要时同时肌注青链霉素 20 万单位,每天 2 次,该母长毛兔要待一切恢复正常后,才能再行配种。

Ⅲ. 必要时可行剖腹产手术。助手将兔右(或左)侧卧或仰卧保定。术部剪毛、消毒。在预定切口部位用 0.5%～1%盐酸普鲁卡因溶液 6～10 毫升做浸润麻醉,或肌内注射速眠新溶液(846 合剂)0.3～0.8 毫升做全身麻醉。

手术切口选择在腹部触诊胎儿最明显处。右侧保定时,可在左侧肷部开刀。若仰卧保定,其切口在耻骨与脐之间即倒数第 1～3 对乳头之间、腹白线旁 1 厘米处。避开乳头依次切开皮肤、肌肉(或钝性分离)和腹膜。切口以少出血、易取胎和污染机会少为原则(长 5～7 厘米)。左手食、中指伸入腹腔,将两怀孕子宫角缓慢拉出切口外,在最靠近子宫体的胎儿处的子宫角大弯处切开子宫(这样有利于取出第 2～3 仔及对侧子宫角内的胎儿),进行取胎。最好是先拉出一侧子宫角处理完后送回腹腔,再拉出另一侧子宫角,以同样方法处理,应尽量减少子宫角在外界暴露的时间。

取胎结束后，用灭菌纱布将子宫角内的羊水、污血排除干净，并注入氯霉素注射液2毫升或其他抗生素，以两层缝合法缝合子宫壁，第一层用全层连续螺旋缝合法，第二层用连续内翻缝合法。若母长毛兔因骨盆畸形或太小而引起的难产，应顺手结扎输卵管做绝育手术或摘除两侧卵巢。肌肉、腹膜可用1号丝线缝合，皮肤用4号丝线缝合后，涂以5％的碘酊，并用纱布包扎好伤口。

术后给母长毛兔周到照料，喂给易消化食物，让其在清洁、干净、暖和、舒适的笼箱内。每天肌注青霉素2次，每次15万～20万单位，连用3～4天。也可内服复方新诺明，每天2次，每次1片，连用3～5天。术后7～8天拆线。

②子宫脱出的处理：子宫脱出是母长毛兔在分娩后很短时间内发生子宫翻至体外的一种产后疾病。

母长毛兔分娩后很短时间，子宫内翻，从阴道脱出。在阴户外可见到大小不等的柔软而有弹性的形似肠管的两个子宫角。开始色泽鲜红，而后呈青紫色或暗红色。时间稍长，黏膜水肿、变厚，极易破裂出血。外面常附有兔毛、粪渣及草屑，有的部分黏膜发生溃疡和坏死。病情严重者可见患兔体温升高，精神沉郁，食欲减少和呼吸增快等明显症状。治疗不及时，可导致兔失去繁殖能力（子宫炎、阴道炎、屡配不孕），甚至发生死亡。

Ⅰ.整复：用35℃左右的温水配置0.1％高锰酸钾的溶液，或0.1％新洁尔灭溶液，或3％明矾水溶液等清洗子宫黏膜上的粪便、被毛、褥草及其他污物。若脱出时间较长，子宫严重淤血、肿胀，可用浓盐水清洗，使其脱水，以便整复。然后在子宫黏膜上撒上少量青霉素粉或链霉素粉或涂碘甘油等。助手提起患兔的两后肢，倒立固定患兔，为防止疼痛性休克和顺利整复复位，取2％盐酸普鲁卡因注射液0.5毫升，经消毒后行百会穴注射，再取 0.5％的盐酸普鲁卡因液于两侧外阴门基部各注射 1 毫升。术者一手轻轻托起脱出的子宫,一手细心地将脱出的子宫从四周缓慢轮换推入腹腔。再提起后肢将患兔左右摇摆几次,拍击患兔臀部,促使子宫复位。

另一种方法是:术者将磨光的竹筷涂上润滑油,顶在子宫脱出部的尖端,小心地往回送,待送进 2/3 时,抽出竹筷继续推送,子宫全部送入后再抓住兔的后腿轻轻地抖动几下,以利子宫复位。为防止再次脱出,对阴门作 1～2 针结节缝合。脱出子宫损伤严重、组织失活或不能整复时,可作卵巢子宫的全切除术。

Ⅱ. 药物治疗:促进子宫复位,可肌注催产素 5～10 单位。除局部涂抹抗生素外,全身给予抗生素 3～5 天,以防感染和败血症的发生。

Ⅲ. 子宫切除术:助手坐在凳上倒提病兔两后肢,双腿夹住前驱,将其保定好。术者先用 0.1％新洁尔灭清洗消毒子宫及阴道,在子宫颈上 4 厘米处用 2％普鲁卡因 2 毫升分点注射,再于 2 厘米、3 厘米处分别以针线结扎子宫,在两股线间切除子宫,切口黏膜、肌肉先行一次连续缝合,然后再内翻缝合。将残端子宫及阴道还纳入腹腔,同时放入妇炎灵 1 粒。术后青霉素、链霉素各 25 万单位混合后一次肌注,每天 2 次,连用 3 天;静注 10％葡萄糖 10 毫升,维生素 C 250 毫克,复方氯化钠 20 毫升,每天 1 次,连用 3 天。

妊娠期间,应满足母长毛兔对蛋白质、钙、磷的需要;要注意适当运动和光照;注意预防寄生虫病和生殖器官疾病。产仔期间,要精心护理母长毛兔,一旦发现子宫脱出,应尽快采取措施。

③母长毛兔产后瘫痪:多发生于产后 2～5 天,且产仔率较高的母长毛兔和饲养管理条件较差的兔场多发本病。

患兔精神萎靡,食欲下降,消瘦。初期粪便少而干硬,继而停止排粪、排尿,泌乳量减少以至于停止。发病初期两后肢之一或两肢同时发生跛行,行走困难,不愿活动。后期严重时后肢麻痹,行走靠两前肢爬动以拖动后肢。

发病时,应立即采用补充糖、钙和恢复肌肉、神经机能等措施:10%葡萄糖酸钙 30 毫升,肌内注射,每日 2 次,连用 5 天;口服复合维生素 B 片,每次 0.25 克,每日 1 次,连用 4 天,以恢复和促进神经机能。对有便秘症状的病兔,可采取灌服硫酸镁溶液或直肠灌注植物油的方法,以润肠通便、清除积粪。同时,还可用松节油涂擦病兔患肢,达到促进血液循环、驱除风寒湿气的功效。

防治本病应以预防为主,同时加强饲养管理,保持兔舍干燥、通风,避免潮湿,并做到定期消毒。要喂给怀孕母长毛兔易于消化和营养丰富的饲料,并保证饲料中含有充足的钙、磷和维生素等营养物质。保证母长毛兔适度运动,增强体质,使怀孕母长毛兔保持良好的体况。

(四)哺乳母长毛兔的饲养管理

母长毛兔分娩后即进入哺乳期,长毛兔的哺乳期一般为40~45 天。母长毛兔哺乳期间是负担最重的时期,饲养管理的好坏对母长毛兔、仔兔的健康和生长都有很大的影响。

1. 饲喂

哺乳母长毛兔为了维持生命活动和分泌乳汁,每天都要消耗大量的营养物质,而这些营养物质,又必须从饲料中获得。如果所喂饲料不能满足哺乳母长毛兔的营养需要,就会动用体内贮存的大量营养物质,从而降低母长毛兔体重,损害母长毛兔健康,影响泌乳量。因此,分娩后 1~2 天多喂鲜嫩青绿多汁饲料,减喂精料。3 天后逐渐增加精料量,1 周后恢复正常。夏、秋季节的饲料可以青绿饲料为主,每天每兔可饲喂青绿饲料 1000～1500 克,混合精料 50～100 克;冬、春季节,每天每兔可饲喂优质干草 150～300 克,青绿、多汁饲料 200～300 克,混合精料 50～100 克。

另外,在兔奶中水分含量高,要多出奶,还必须供给充足清洁的饮水,以满足哺乳母长毛兔对水分的要求。

饲养哺乳母长毛兔的好坏,一般可以根据仔兔的生长和粪便情况进行辨别。母长毛兔泌乳旺盛,仔兔吃饱后腹部胀圆,肤色红润光亮,安睡不动;如果母长毛兔泌乳不足,则仔兔腹部空瘪,肤色灰暗无光,乱爬乱抓,经常发出“吱吱”叫声。另外,如产仔箱内清洁、干燥,很少有仔兔粪尿,则说明哺乳正常,饲养很好;如产仔箱内积留尿液过多,则说明母长毛兔饲料中含水量过高;如粪便过于干燥,则说明母长毛兔饮水不足;如果饲喂发霉变质饲料,还会引起仔兔消化不良,甚至下痢。

生产中发现有些养兔场采用母长毛兔与仔兔分开饲养、定期哺乳的方法,其实这种做法不可取。原因一是大大增加了工作量,二是造成母长毛兔不会正常哺乳。最好的方法还是让其母仔同室,只是在哺乳开始时要仔细观察,如果发现有的母长毛兔母性不强,可采取人工强制哺乳的方法,强制哺乳几次以后,母长毛兔也就会哺乳了。担心仔兔冻死的养殖者可采取一定的加温措施,如生煤炉、用塑料布遮挡保温等。

2. 日常管理

(1)每天要清理兔笼舍,换除肮脏垫草,饲喂用具每次喂料都要洗刷干净,以保持其清洁卫生防止乳房炎。

(2)母长毛兔产后 5 日内每天泌乳量 100～120 克,以后逐日增加,至产后 21 天泌乳量达最高峰,每天泌乳量达 700 克左右,产后 28 日以后泌乳也迅速下降。

对于产后无乳或少乳的母长毛兔,应区别不同情况有针对性的催乳,切不可乱用催乳剂。

①初产母长毛兔:初产母长毛兔缺乳多由泌乳系统发育不充分或母性不强,产前未拉毛或饲料营养缺乏、供应不足所致。因此对于初产母长毛兔应加强营养、调整饲料结构,未拉毛的母长毛兔,将其乳头周围的毛拉光,以刺激乳腺。也可用温淡盐水擦洗乳房后,按摩 1～2 次,促进乳腺发育和泌乳。另外,取花生米 7～8 粒,用温水浸泡 1～2 小时后拌料喂兔,连喂 2～3 次,乳汁会明显增多。

②经产母长毛兔:经产母长毛兔缺乳多因乳房炎或其他疾病所致。因此可对经产母长毛兔减少精料喂量,多喂青绿多汁饲料。用新鲜蒲公英、车前草、黄芪、王不留行等喂兔,连喂 2～4 天。

③肥胖母长毛兔:母长毛兔过肥也会导致泌乳减少或缺乳。因此对于肥胖母长毛兔取促乳素皮下注射 1～2 毫升,每天 2 次,并适当降低饲料能量和蛋白质水平。

④瘦弱母长毛兔:瘦弱母长毛兔缺乳多因营养不良或患病所致。因此可对瘦弱母长毛兔加喂营养丰富、蛋白质含量高的草料。同时取鲜蚯蚓 1～2 条用开水泡至发白,切碎拌红糖喂兔,每天 1～2 次;也可将蚯蚓晒干粉碎拌入饲料中喂兔。

⑤多崽母长毛兔:母长毛兔产崽超过乳头数,其乳汁难以满足仔兔的需要。因此母长毛兔产仔超过 8 只时,最好留下 7 只,多余的仔兔给它们去找寄母。生产实践证明,把生产多的仔兔寄养给生仔少的母长毛兔,母长毛兔第二胎可产仔数量明显增加。

(3)经常检查乳房,每 7～10 天清洗乳房 1 次。若发现乳房有硬块或红肿,及时采取措施。

（4）经产母长毛兔的选留：母长毛兔繁殖 3～4 胎以后进行，根据前几胎的受配性、母性、产（活）仔数、泌乳力、仔兔断奶体重和断奶成活率等情况，选出外貌特征明显、性能优秀、遗传稳定的种兔，淘汰不合格的母种兔。

种母长毛兔的使用年限，一般为 3～4 年，根据记录，各方面都优秀者，配种利用年限可适当延长 0.5～1 年。

（5）断奶准备：仔兔一般 40～45 天断奶，断奶前 2～3 天的母长毛兔应减少多汁饲料和精料的喂量。

二、仔兔的饲养管理

从出生到断奶这段时期的兔称为仔兔，这一时期可视为长毛兔由胎生期转至独立生活的一个过渡阶段。

仔兔出生前在母长毛兔子宫内，温度恒定，一旦出生，温度明显降低，仔兔刚初生体表还没长毛，调节温度能力又差，一旦不适容易发病；初生前仔兔靠母亲血液提供营养，肠胃没有消化活动，出生后完全依靠肠胃消化母乳为生，此时一旦供乳不足，或乳汁不洁，便出现拉稀死亡；仔兔在母亲子宫内安静、安全，一旦出生在巢箱内，躺卧在垫草和毛的粗糙环境，又易受鼠、蚊蝇的骚扰，容易发病死亡。

仔、幼兔阶段生长发育好，对增加皮用兔的板皮张幅，毛、皮兔的毛囊密度，提高其毛皮质量和产毛量，均有明显的影响。由此看出，养好仔、幼兔是增加兔产品数量，降低饲养成本，提高产品质量和养兔效益的关键。仔兔饲养管理，依其生长发育特点可分睡眠期、开眼期两个阶段。

（一）仔兔睡眠期的饲养管理

从仔兔出生到 12 日龄左右为睡眠期。刚出生的仔兔，体表无毛,眼睛紧闭,耳孔闭塞,体温调节能力很差,消化器官发育尚不完全,如果护理不当,很容易死亡。

1. 饲喂

睡眠期的仔兔,生长发育很快,初生体重仅 45～60 克,1 周龄体重可增加 1 倍左右,10 日龄体重可达初生重的 3 倍以上。

幼兔出生前尽管可以通过母体胎盘获得一部分免疫抗体,但是从母乳中增加免疫球蛋白含量仍然是很重要的。另外因兔奶营养丰富,又是仔兔初生时生长发育的直接来源,所以应保证初生仔兔早吃奶、吃足奶。而经常处于饥饿状态的仔兔,往往生长发育不良,死亡率很高。特别是母长毛兔产后 1～2 天内分泌的初乳,营养丰富而又具轻泻作用,有利于促进仔兔生长,排尽胎粪。因此,仔兔出生 6 小时内必须吃上初乳,并保证吃足初乳。仔兔吃饱奶时,安睡不动,腹部圆胀,肤色红润,被毛光亮;饿奶时,仔兔在窝内很不安静,到处乱爬,皮肤皱缩,腹部不胀大,肤色发暗,被毛枯燥无光,如用手触摸,仔兔头向上窜,"吱吱"嘶叫。

仔兔在睡眠期,除吃奶外,全部时间都是睡觉,仔兔的代谢很旺盛,吃下的奶汁大部分被消化吸收,很少有粪便排出来。因此,睡眠期的仔兔只要能吃饱奶、睡好,就能正常生长发育。

2. 日常管理

在仔兔出生后 6 小时内,必须检查母长毛兔哺乳情况,发现没有吃到奶的仔兔,要及时让母长毛兔喂奶。检查仔兔是否吃到足量的奶,是仔兔饲养上的基本工作。但是,在生产实践中,初生仔兔吃不到奶的现象常会出现,这时必须查明原因,针对具体情况,采取有效措施。

(1)寄养:母长毛兔平均每胎产仔 6～8 只,多者 10 只以上,少的仅 1～2 只。为此,仔兔出生后 3 天内必须做好仔兔的调整寄养工作。

一般泌乳正常的母长毛兔可哺育仔兔6～7只,寄养时将出生日期相近的仔兔(以不超过2～3天),从巢箱内拿出,按体形大小、体质强弱分窝;然后在仔兔身上涂上寄养母长毛兔的尿液,以防被母长毛兔咬伤或咬死;最后把仔兔放进各自的巢箱内,并注意母长毛兔哺乳情况,防止意外事情发生。

调整仔兔时,必须注意:两个母长毛兔和它们的仔兔都是健康的;被调仔兔的日龄和发育与寄养母长毛兔的仔兔出生日期不要超过3天;要将被调仔兔身上粘上的原巢箱内的兔毛剔除干净;在调整前先将母长毛兔离巢,被调仔兔放进哺乳母长毛兔巢内,经1～2小时,使其粘带新巢气味后才将母长毛兔送回笼巢内。如若母长毛兔拒哺调入仔兔,则应查明原因,采取新的措施,如重调其他母长毛兔或补涂母长毛兔尿液,减少或除掉被调仔兔身上的异味等。

(2)强制哺乳:有些母长毛兔护仔性不强,尤其是初产母长毛兔,产仔后拒绝哺乳,使仔兔缺奶挨饿,如不及时处理,就会导致仔兔死亡。因此,对母性不强的母长毛兔可采取强制哺乳措施。

强制哺乳时将母长毛兔固定在巢箱内,使其保持安静,将仔兔分别安放在母长毛兔的每个乳头旁,嘴顶母长毛兔乳头,让其自由吮乳,每日强制1～2次,连续3～5日,母长毛兔便会自动喂乳。

(3)人工哺乳:如果仔兔出生后无适当母长毛兔寄养时,可采用人工哺乳。

人工哺乳可用牛奶、羊奶或炼乳等代替(1周内加水1～1.5倍,1周后加水1/3,2周后可用全奶)。也可用豆浆、米汤加适量食盐代替,温度保持在37～38℃。人工哺乳的工具可用玻璃滴管、注射器、塑料眼药水瓶,在管端接一乳胶自行车气门芯即可。喂饲以前要煮沸消毒,冷却到 37~38℃ 时喂给。每天1~2 次。喂饲时要耐心,在仔兔吸吮同时轻压橡胶乳头或塑料瓶体。但不要滴入太急,以免误入气管呛死。不要滴得过多,以吃饱为限。

(4)防止"吊乳":"吊乳"是养兔生产实践中常见的现象之一。主要原因是母长毛兔乳汁少,仔兔不够吃,较长时间吸住母长毛兔的乳头,母长毛兔离巢时将正在哺乳的仔兔带出巢外;或者母长毛兔哺乳时,受到骚扰,引起惊慌,突然离巢。

吊乳出巢的仔兔,容易受冻或踏死,所以饲养管理上要特加小心,发现有吊乳出巢的仔兔应马上将仔兔送回巢内,并查明原因,及时采取措施。如是母长毛兔乳汁不足引起的"吊乳",应调整母长毛兔日粮,适当增加饲料量,多喂青料和多汁料,补以营养价值高的精料,以促进母长毛兔分泌出质好量多的乳汁,满足仔兔的需要。如果是管理不当引起的惊慌离巢,应加强管理工作,积极为母长毛兔创造哺乳所需的环境条件,保持母长毛兔的安静。如果发现吊在巢外的仔兔受冻发凉时,应马上将仔兔全身浸入 40℃ 温水中,露出口鼻呼吸,只要抢救及时,措施得法,大约 10 分钟后便可使被救仔兔复活,待皮肤红润后立即擦干身体放回巢箱内。

(5)创造安静环境:在仔兔睡眠期,应保持安静的兔舍环境,不要随意惊动,更要严防鼠害。

(6)防寒保暖:仔兔出生后全身无毛,生后 4~5 天才开始长出茸茸细毛,这个时期的仔兔对外界环境的适应力差,抵抗力弱,极易引起受冻死亡。对睡眠期的仔兔,窝温不宜低于 30℃,室温不低于 15℃。凡见仔兔皮色发青,在窝内不停窜动时,均表明巢内温度过低,须及时调整。

防寒保暖各地可根据实际情况,因地制宜创造一个适于仔、幼兔生长的小环境,如用煤炉加温、用塑料布遮挡保温等。但在炎热的夏季,亦应注意舍内降温,取出部分巢箱内的垫草和覆盖的兔毛,以保证窝温不超过 40℃。

(二)仔兔开眼期的饲养管理

仔兔开眼之后就要经历出巢、补料、断奶等阶段,这是养好仔兔的第二个关键时期。

仔兔生后 12 天左右开眼,从开眼到离乳,这一段时间称为开眼期。仔兔开眼迟早与发育很有关系,发育良好的开眼早。仔兔若在生后 14 天才开眼的,体质往往很差,容易生病,要对它加强护养。

仔兔开眼后,精神振奋,会在巢箱内往返蹦跳,数日后跳出巢箱,叫做出巢。出巢的迟早,依母乳多少而定,母乳少的早出巢,母乳多的迟出巢。此时,由于仔兔体重日渐增加,母长毛兔的乳汁已不能满足仔兔的需要,常紧追母长毛兔吸吮乳汁,所以开眼期又称追乳期。这个时期的仔兔要经历一个从吃奶转变到吃固体饲料的变化过程,因为仔兔胃的发育不完全,如果转变太突然,常常造成死亡。所以在这段时期,饲养重点应放在仔兔的补料和断乳上。实践证明,抓好、抓紧这项工作,就可促进仔兔健康生长,放松了这项工作,就会导致仔兔感染疾病,乃至大批死亡,造成损失。

1. 饲喂

仔兔 16 日龄,就开始试吃饲料,此时就可开始补料,先喂给少量容易消化、营养丰富的饲料,如切短的嫩青草、野菜等(此时仔兔不宜喂给含水分高的青绿饲料,否则容易引起腹泻、胀肚而死亡);20 日龄后逐渐补喂少量精料,如豆渣、米饭等。

仔兔开始采食,因不辨香臭,常会误食母长毛兔粪便,以致感染球虫病。为预防球虫病可在补料时添加少量木炭粉、无机盐、抗生素和洋葱、大蒜等消炎、健胃药,以增强体质,减少疾病。

仔兔胃小,消化力弱,但生长发育快,根据这些特点,在喂料时要少喂多餐,均匀饲喂,逐渐增加。一般每天喂给5~6次,每次份量要少一些,在开食初期以哺母乳为主,饲料为辅;到30日龄时,则转变为以饲料为主,母乳为辅,直到断乳。在过渡期间,要特别注意缓慢转变的原则,使仔兔逐步适应,才能获得良好的效果。

2. 日常管理

开眼期的仔兔是比较难养的时期,在管理方面应抓好以下几项工作。

(1)仔兔12天后要逐个检查,发现开眼不全的,可用药棉蘸取温开水洗净封住眼睛的黏液,帮助仔兔开眼。

(2)仔兔开食后,粪便增多,要常换垫草并洗净巢箱,否则,仔兔睡在湿巢内,对健康不利。

(3)经常检查仔兔的健康情况,察看仔兔耳色,如耳色桃红,表明营养良好;如耳色暗淡,说明营养不良。

(4)仔兔的性别鉴定:初生仔兔,可通过观察其阴部孔洞形状及其与肛门之间的距离判断性别。操作时将手洗净拭干,把仔兔轻轻倒握在手中,头部朝手腕方向,细细观察,然后用食指向背侧压住尾部,用两手的拇指压下阴部,翻出红色的黏膜即可。阴部孔洞扁形而略大,与肛门大小接近,距肛门较近者为母长毛兔;孔洞圆形,略小于肛门,距肛门较远者为公长毛兔。阴部前方有一对白色的小颗粒,为阴囊的雏形,是公长毛兔;没有的则是母长毛兔。

当仔兔开眼后,可检查生殖器官。即用右手抓住仔兔耳颈,左手以中指和食指夹住兔尾,大拇指轻轻向上推开生殖器,若局部为"O"形,下端为圆柱体者是公长毛兔;局部呈"V"形,下端裂缝延至肛门者为母长毛兔。

(5)抓好仔兔的断奶:仔兔在断奶前要做好充分准备,如断奶仔兔所需用的兔舍、食具、用具等应事先进行洗刷与消毒,断奶仔兔的日粮要配合好。

长毛兔仔兔一般在 40～45 天,体重 0.6 千克,就可断奶。过早断奶,仔兔的肠胃等消化系统还没有充分发育形成,对饲料的消化能力差,生长发育会受影响。在不采取特殊措施的情况下,断奶越早,仔兔的死亡率越高。根据生产实践证明,40 天断奶时,成活率为 80%;45 天断奶,成活率为 88%;60 天断奶成活率可达 92%。但断奶过迟,仔兔长时间依赖母长毛兔营养,消化道中各种消化酶的形成缓慢,也会引起仔兔生长缓慢,对母长毛兔的健康和每年繁殖次数也有直接影响。

为减少仔兔因断奶而发生"应激并发症",规模化兔场多用全进全出方式断乳,在断乳时,将仔兔成批的移至幼兔饲养笼,在养兔规模较小的情况下,断乳时可将仔兔留在原笼,而将母长毛兔移走,此即所谓原笼断乳法。以防因改变仔兔环境而造成患病死亡。据试验观察,原笼断乳可提高成活率 10%～15%,而且生长速度快而稳定。

(6)第一次选留种兔:第一次选择在仔兔断奶时进行。除了按照系谱选择一定的性别比例外,主要考虑断奶体重和健康状况。凡是被毛光亮、活泼好动,食欲旺盛、"九窍"(耳、鼻、眼、口、肛、阴孔等)干净,尤其是肛门干净的,都可作为选择的对象,差的个体归为产毛兔生产群。选留的种兔应与产毛兔分开饲养。

三、幼兔的饲养管理

从断奶至 3 月龄左右的兔子称为幼兔。幼兔的特点是生长很快,如德系长毛兔平均日增重可达 25 克以上。但幼兔阶段抗病力较差,死亡率较高,所以,提高成活率是养好幼兔、提高效益的重要环节。

1. 饲喂

断奶幼兔对外界环境的变化极为敏感,抗病力和适应性都较差,尤其是高产的良种长毛兔抗病力更差。幼兔生长发育很快,新陈代谢很旺盛,需要营养较多。

由于幼兔阶段消化机能还较薄弱,对粗纤维的消化能力较低。因此,饲喂幼兔的饲料,要求营养全面,品种多样化,适口性好,容易消化吸收。精料应以麸皮、豆饼、玉米等配合成高蛋白质混合料;青粗饲料应青嫩、新鲜,切忌喂给粗纤维含量较高的粗硬饲料。31~60 日龄每天饲喂青饲料 100~400 克,颗粒料 30~55 克。31~90 日龄每天饲喂青饲料 400~900 克,颗粒料 55~90 克。留作种用的后备兔,还要防止出现过肥而影响种用体况。

2. 日常管理

(1)分群:断奶后的幼兔应按窝分群,或按日龄分群,也可按强弱大小分群,一般每笼 3~5 只。分群笼养可使幼兔吃食均匀,生长发育均衡。对体弱有病的幼兔要单独饲养,仔细观察,精心管理,以利于弱小幼兔尽快恢复体况。

为了解笼养兔的健康和生长情况,必须定期称重,一般可每隔 15~30 天称 1 次,如生长一直很好,可留作后备种兔;如体重增长缓慢,则应单独饲养,加强营养,注意观察。

相同品种的母长毛兔产毛量比公长毛兔要高 30% 左右,并且毛质比公长毛兔好。因此,在幼兔分群时,把幼公长毛兔分开饲养,好让幼母长毛兔吃饱、以利发育。

(2)环境:由于幼兔断奶后,生活环境发生变化,同时幼兔生长快,抵抗力差,要求其所处的环境应干燥、卫生、安静,与断奶前尽量保持一致。因此要对笼舍定期进行认真洗刷消毒,保持笼舍清洁、干燥、通风,若笼舍潮湿,应及时更换垫草垫料,经常清粪、消毒,以消灭各种致病微生物及球虫。冬季兔舍温度应保持在5℃以上,夏季应防暑降温。

(3)药物:幼兔日粮中可适当添加药物添加剂、复合酶制剂、黄腐酸,既可防病又能提高日增重。据报道,日粮中添加3%药物添加剂,日增重提高 31.8%;每千克添加 200 毫克黄腐酸、0.5%复合酶制剂,日增重提高 12%～17.5%。

(4)防病:幼兔阶段是多种传染病易感阶段。除了注射兔瘟、魏氏梭菌病疫(菌)苗外,一些兔场还可注射巴氏杆菌-波氏杆菌二联苗和大肠杆菌疫苗。全年注重预防球虫病和传染性鼻炎。同时每日要细心观察幼兔的采食、精神、粪尿等情况,若发现有食欲不振、精神萎靡、粪便不正常的幼兔,要及时进行隔离饲养,查明原因,及时治疗。

(5)梳毛:幼兔自断奶后即应开始梳毛,每隔 10～15 天梳理一次。

(6)剪好头刀毛:断奶幼兔一般在 2 月龄左右就要进行第一次剪毛(俗称"头刀毛"),即把乳毛全部剪掉。体质健壮的幼兔,剪毛后新陈代谢旺盛,采食量增加,生长发育加快;体质瘦弱的幼兔第一次剪毛可适当延后,断奶后立即剪毛往往会带来不良后果,甚至引起死亡。

幼兔第一次采毛需以剪毛方式,不能采用拔毛法,否则不但易损伤皮肤,而且影响成年后的兔毛密度与长度。剪毛后的幼兔要加强护理,精心喂养,冬季和早春剪毛后还要注意防寒保暖。

(7)打耳号方法:为了在养兔生产中便于管理和记录,种兔场和养兔户一定要为种长毛兔编刺耳号。长毛兔编刺耳号,不但便于饲养管理,更重要的是能避免近亲交配,便于控制血统,建立新的品系。

①针刺法:一般是养兔较少且又没有耳号钳的养兔户使用。方法是先在兔耳中间无血管处写上为其编刺的号码,而后保定兔子,快速用针沿数字扎刺,再抹上醋墨汁,使墨汁渗入针孔中,数字慢慢变蓝色,永不退色。

②耳号钳编刺方法:专用的兔耳号钳,号码用短针排列钳成。有10个重复的阿拉伯数码和部分ABC等英文字母,使用时,只要先将要编的号码卡在耳钳上排列好,用酒精或碘酒在兔耳无血管处消毒,而后用耳钳在需刺部位猛夹一下,松开耳钳,然后抹上醋墨汁,并在耳号上用食指和拇指来回搓几下,使墨汁渗入针孔即可(刺时耳背部垫一橡皮,可使刺出的号码更清楚)。用耳号钳编刺耳号不但方便省时,而且字体美观。

③耳标法:先用铝片制成小标签,上面打好要编的号码,然后用锋利刀片在兔耳内侧上缘无血管处刺穿,将标签穿过小洞口,弯成圆环状固定在耳上扣好。

④耳号排列方法:耳号排列一般由自己设计,一般第一位数用英文字母,英文字母一般代表品种,第一位数字可代表年份,第二位数字代表月份,第三位数字代表个体号。也可任意设计,并记录好编号的意义。

(8)第二次选留种兔:第二次选留种兔在10～12周龄内进行。测定个体体重、断奶至测定时的平均日增重和饲料转化率等,表现差者转入产毛兔群。

四、青年兔的饲养管理

3～6月龄的仔兔称为青年兔,青年兔的抗病力已大大增强,死亡率较低,是长毛兔一生中最容易饲养的阶段。

1. 饲喂

青年兔的新陈代谢很旺盛,吃食量大,生长发育快,是长肌肉、长骨骼的阶段。因此,在饲养上必须供给充足的蛋白质、矿质元素和维生素。

饲料应以青饲料为主,适当补给精饲料,每天每只可喂给青饲料500～600克,颗粒料50～70克。对计划留作种用的后备种兔应限饲能量饲料,保持7～8成膘情,以防过肥,影响种用。

2. 日常管理

(1)单笼饲养:青年兔的公、母长毛兔要分开饲养,做到1兔1笼。据生产实践,3月龄的公、母长毛兔生殖器官已开始发育,已有配种要求,但尚未达到体成熟年龄。所以,从3月龄开始,就要将公、母长毛兔分笼饲养,以防早配、滥配。

(2)去势:4月龄左右对不留种的公长毛兔,应及时去势,既便于管理,又可提高产毛量(公长毛兔去势一般可提高产毛量10%～15%)。常用的去势方法有阉割法和结扎法两种。

①阉割法:两人共同操作。操作时助手将兔仰体固定在桌上,不断地用手抚摸兔的眶上腺、眶下腺和腋窝、腹股沟部,使兔进入睡眠状态。术者用手指在兔腹股沟部向下推挤,使兔睾丸进入阴囊,再捉住捏紧睾丸,避免其滑动。另一手用2%～4%碘酒消毒阴囊下部皮肤,然后用消过毒的小利刀,在阴囊中下消毒部位深切一小口,睾丸即滑出,用手扯断睾外提肌,切断精索,并单向拧转睾丸体,使睾丸头上的动静脉血管扭曲,再用手指甲将其刮细让其粘合,在粘合点下掐断,避免大出血。摘除睾丸

后,在切口部位用碘酊压迫止血后,把兔放入干燥卫生的笼中即可。

②结扎法:依上法步骤,将睾丸挤入阴囊捏住,用耐拉的粗绒线在睾丸上方把阴囊用力地扎紧,打死结,使睾丸血液循环停止,6~8天后,睾丸和阴囊即干枯脱落。

(3)采毛:断奶幼兔在2月龄进行第一次剪毛后,冬季每间隔70~90天,夏季间隔60~65天即可剪毛一次。剪下的兔毛应按长度分级存放,妥善保管。

断奶幼兔在2月龄进行第一次剪毛后,采取拔长留短拔毛方式的30~40天可拔毛一次(拔毛时左手固定兔,右手的食指、拇指和中指将兔毛捏住,拔取长毛);采取全部拔光方式采毛的,每隔90天拔一次,拔毛时除头、脚、尾和四肢软裆处的毛不拔外,其余的一次拔光。

(4)梳毛:青年兔在每次采毛后的第2个月即应梳毛,每10天左右梳理一次,直至下次采毛。梳毛是保持和提高兔毛质量的一项经常性的重要工作,梳毛时脱落的毛经加工整理后即可出售。兔绒毛纤维的鳞片层常会互相缠结勾连,如久不梳理,就会结成毡块而降低毛的等级甚至成为等外毛,失去纺织和经济价值。

梳毛是一项细致而费时的工作,特别是被毛稀疏、容易结块的长毛兔应坚持定期梳毛。长毛兔的皮肤较薄,尤其是靠近尾根周围的皮肤更薄,要防止撕裂皮肤。梳毛时应由上而下,右手持梳自顺毛方向插入,朝逆毛方向托起梳子。

(5)第三次选留种兔:对4月龄以上的公、母长毛兔进行第三次选择,根据外形、生长发育、产毛性能进行选择,把生长发育优良、健康无病、产毛性能良好、符合种用要求的后备兔编入种兔群,次等的编入产毛群,劣等的一律淘汰,以不断提高兔群质量。

①体型外貌评定:通过外貌评定,可初步判定长毛兔的品系纯度、健康状况、生长发育情况和生产性能。外貌评定的要求是体质结实、健康,发育良好,无任何外形缺陷。

Ⅰ.头部:头部形状既反映了品系特征,也反映了长毛兔的体质类型。大头一般为粗糙型,对产毛量和兔毛品质均有一定影响;小头、清秀则为细致型,这类兔的适应性能往往较差;头型大小适中,与体躯各部位协调相称则为结实型,产毛量最高,兔毛品质最佳。种兔要求眼大、明亮,无流泪及眼屎现象,眼球呈粉红色。耳朵大小、形状及耳毛分布情况是各品系的特征之一,但两耳都应竖立举起,如有一耳或两耳下垂,则为不健康的象征或是遗传上的缺陷。

Ⅱ.体躯:发育正常、体质健壮的长毛兔要求胸宽而深,背腰宽广、平直,臀部丰满而缓缓倾斜,肋骨开张良好,腹部充实、紧凑,富有弹性。

Ⅲ.四肢:应强壮有力,肌肉发达,肢势端正。行走时观察前肢有无"划水"现象,后肢有无瘫痪症状,这两种缺陷均可能由遗传因素所致,所以应予以淘汰。

Ⅳ.被毛:要求浓密、柔软、洁白、光亮、松软、无结块毛。检查被毛密度,可用嘴逆毛方向吹开被毛,露出皮肤缝隙很小,说明密度良好,缝隙明显则表明被毛很稀,密度很差。

Ⅴ.其他:公长毛兔要求睾丸大而匀称,性欲旺盛;隐睾、单睾者均不能留作种用。母长毛兔要求外阴洁净,无粪尿污染,乳头4~5对。

②生长发育评定:生长发育是决定长毛兔产毛性能的重要因素之一。评定长毛兔生长发育的主要依据是体重测定和体尺测量。

Ⅰ.体重测定:选留种兔,体重应符合品系要求。幼兔和青年兔因生长发育极为迅速,为及时了解其体重变化情况,有条件的兔场应每月称重1次,至少也应称测初生重、断奶重、3月龄重、6月龄重、周岁体重,成年兔应每年称重1次。称重应在早晨喂食前进行,以避免采食量对体重造成的误差。

Ⅱ.体尺测量:种兔体尺通常只测定体长和脚围,必要时测量耳长和耳宽,一般在剪毛后进行。

体长:由鼻端到坐骨端的直线距离,用直尺测量。

胸围:在肩胛后缘绕胸骨1周的距离,用卷尺测量。

耳长:从耳根到耳尖之间的距离。

耳宽:指耳朵的最大宽度。

③产毛性能评定:产毛性能是选留毛用型种兔的重要依据,评定时既要注重兔毛产量,又要注重兔毛的质量。

Ⅰ.实际产毛量:成年兔实际产毛量是指1月1日起至12月31日的总采毛量;青年兔实际产毛量是指第一次剪毛起至满1年后的总采毛量。凡种用长毛兔都必须计算个体年产毛量,而一般商品兔只需计算兔群的年产毛量。

Ⅱ.单次产毛量:为及早了解青年兔的产毛性能,在育种工作中往往以第一年内的某一次产毛情况作为依据来判断其产毛性能。据试验,如果70日龄剪第一次毛,以后每隔90天剪1次毛,则第一次剪毛量与年产毛量之间无明显相关,第二次呈中等正相关,第三次呈中等到高度正相关。所以,一般以第二或第三次剪毛量乘以4作为该兔的年产毛量计算。

Ⅲ.产毛率计算:产毛率是指年产毛量与其体重的百分比。产毛率越高则表示单位皮肤面积内的产毛效能越高,也可用以评定兔毛密度的性能。

(6)配种训练:对编入种兔群的后备兔要加强培育,从6月龄开始可训练公长毛兔进行配种,一般每周交配 1 次,以提高早熟性和增强性欲。

五、种公长毛兔的饲养管理

俗话说"公长毛兔好,好一批,母长毛兔好,好一窝",种公长毛兔饲养的好坏,对后代起着至关重要的作用。因此,必须对公长毛兔进行科学的饲养管理。

(一)非配种期的饲养管理

长毛兔繁殖虽无明显的季节性,但因气候、饲料等因素的影响,配种繁殖也有淡旺季之分,特别是北方地区配种繁殖多集中在春、秋两季,夏、冬季多为非配种期。

1. 饲喂

非配种期的种公长毛兔生理负担不重,故只需保持中等营养水平即可,体况以不肥不瘦为好。公长毛兔过肥或过瘦均会减弱配种能力,甚至失去种用价值。

根据生产实践,非配种期的种公长毛兔只要保证日粮蛋白质水平在 12% 左右,并供给足够的青饲料即可,每日每兔供给青绿饲料 800~1000 克,精饲料 100~125 克,冬季适当加喂麦芽 20~30 克,就可满足其营养需要。

2. 日常管理

(1)单笼饲养:禁止两只成年种公长毛兔同笼饲养,也不应将种公长毛兔与母长毛兔或其他兔同笼饲养,最好使种公长毛兔笼远离母长毛兔笼,以保证种公长毛兔休息,减少体力消耗。

(2)适当运动:如果条件许可,每周放养 2~3 次,每次运动 1~2 小时,并使其多晒太阳。规模化养兔可适当加大兔笼尺寸,以增加种公长毛兔在笼内的活动场所。

(3)安全度夏:环境温度对公长毛兔精液品质影响很大。据试验,当室温超过 25℃时对精子的活力就有明显影响。当室温高达 30℃以上时,就会引起精子数减少,密度降低,畸形精子数增加。严重者可发生中暑现象。

为使公长毛兔安全度夏,可在 7 月初(夏季来临前)剪毛 1 次,以利其皮肤散热。剪毛时要注意公长毛兔脚掌部的被毛不宜剪得过短,以防皮肤摩擦受伤引起脚皮炎等。剪毛时注意剪除脚爪。

(4)配种检查:配种前 1 个月要对种公长毛兔进行精液检查,对于死精多、受胎率低、疾病严重,无种用价值的要及时淘汰。

(二)配种期的饲养管理

配种期的种公长毛兔是生理负担最重的时期,除了维持自身的营养需要之外,还要应付配种。为保证种公长毛兔的性欲旺盛和精力充沛,在饲养管理中应加强营养,合理使用。

1. 饲喂

种公长毛兔的配种能力主要决定于精液的数量和质量,而精液的数量和质量均与营养有着密切关系,特别是蛋白质、矿物质和维生素等营养物质。

实践证明,平时精液不佳的种公长毛兔,如能喂给豆饼、花生饼、麸皮以及豆科饲料如紫云英、苜蓿、苕子等,精液的质量即显著提高。磷为核蛋白形成的要素,亦为制造精液必需物质,日粮中有谷粒及糠麸混入时,磷即不致缺乏,但应注意钙的供给量,钙磷供给量应为(1.5～2):1。精料中如能经常配以 2%～3%的骨粉、贝壳粉或蛋壳粉等钙作补充料,钙磷就不致缺乏。维生素对种公长毛兔的配种能力也有一定影响,青绿饲料中含有丰富的维生素,所以一般不会缺乏,但冬季青绿饲料少,或长年喂饲颗粒饲料时,容易出现维生素缺乏,特别是缺乏维生素A时,就会引起睾丸精细管上皮组织变性,畸形精子数量增加。小公长毛兔的日粮中如维生素含量不足,生殖器官发育不全,睾丸组织退化,性成熟推迟,因此平时应注意饲喂青草、菜叶、胡萝卜、大麦芽或菜叶等饲料。

在配种期间,要相应增加饲料用量,每日每兔的喂量可增加为精料50~100克,青绿饲料500~600克,每天在精料中加入1~2克食盐和少量蛋壳粉、蚌壳粉等。同时,根据配种的强度,适当增加动物性饲料(如鸡蛋),以改善精液的品质,提高受胎率,如种公长毛兔每天配种2次,在饲料量中需增加30%~50%的精料量,且保证青料供给。

实践观察到,公长毛兔的食欲不如幼兔、母长毛兔旺盛。要充分保证种公长毛兔的营养需要,在饲料的选择上,应特别注意其消化性、适口性,不宜喂给过多的低浓度、大体积、多水分的粗饲料和多汁饲料。否则,不仅会造成营养不良,还会造成公长毛兔腹部膨大,影响配种效果。

2. 日常管理

(1)控制初配时间:兔是早熟家畜,4月龄后即性成熟,但进入正式配种期需要在8~9月龄左右。如果过早配种,不仅影响兔的生长发育,而且影响后代的质量,减少种公长毛兔的使用寿命,造成早衰。一般来说,3月龄以后,应及时将留种的后备兔单笼饲养,将那些不留种的公长毛兔及时转入产毛兔群。

(2)配种前检查:配种前应进行健康检查,发现食欲不振,粪便异常,精神萎靡等症状应立即停止配种。种公长毛兔在换毛期不宜配种(因为换毛期间,消耗营养较多,体质较差,此时配种会影响兔体健康和受胎率)。

（3）控制配种环境：配种时，应把母长毛兔捉到公长毛兔笼内，不宜把公长毛兔捉到母长毛兔笼内进行。因为公长毛兔离开了自己所熟悉的环境或者气味不同都会使之感到突然，抑制性活动机能，精力不集中，影响配种效果。

（4）控制配种次数：一般兔场和专业大户，自然配种公母比以 1：（8～10）为宜，人工授精 1：（100～150）。公长毛兔在配种旺季，使用不能过度，成年公长毛兔每天最多交配 2 次，上下午各 1 次，连续配种 2 天休息 1 天；青年公长毛兔只能日配 1 次，配种 1 天应休息 1 天。如果连续配种，会使公长毛兔过早地丧失配种能力，减少使用年限。禁止把母长毛兔放在公长毛兔笼内时间过长，一般配完种 1 分钟后把母长毛兔拿回原笼。也要避免连续 15 天不配种，这样死精率较高，影响受胎率。

（5）清洁卫生：公长毛兔笼要勤打扫，勤消毒，保持清洁卫生，以防发生各种生殖器官疾病。

（6）剪脚爪：公长毛兔脚爪较长时，可使用果树剪沿脚爪红线前 0.5～1 厘米处剪即可。

（7）记录：要有详细配种记录，以便观察每只公长毛兔所产后代的品质，以利于选种选配。

（8）种公长毛兔的淘汰：种公长毛兔利用年限为 1.5～2.5 年，若体质健壮，使用年限可适当延长 1 年。

第三节　长毛兔四季的饲养管理

我国地域辽阔，各地气候条件差异很大。因此，饲养长毛兔必须因时、因地制宜，搞好饲养管理。总的要求是雨季防湿，夏季防暑，冬季防寒，春秋季抓好繁殖工作。

一、春季的饲养管理

春季是长毛兔生长繁殖的最好季节,也是青绿饲料逐渐丰盛时节。但此季节气候变化大,阴雨天较多,湿度大,细菌与寄生虫易繁殖,如果饲养管理不当,长毛兔易生病。因此,春季饲养管理工作的重点是防湿、防病。

1. 注意保温

春季气温极不稳定,容易诱发长毛兔感冒或肺炎,特别是冬繁的仔、幼兔抗病力弱,容易发生疾病。春季的管理是做好防寒、保暖工作,特别是仔兔和刚断奶的幼兔,更应注意。一旦预报有寒流或沙尘暴来临,仔、幼兔舍要注意保温。

2. 饲料供应

(1)早春缺乏青绿饲料,饲喂长毛兔仍然以精饲料和粗干饲料粉加工的颗粒饲料为主,可用多汁饲料(如胡萝卜等)与粗饲料(如豆秸、干草等)搭配饲料喂,日喂量在 300～600 克。

(2)气候变暖,青草萌发,青饲料丰富时,注意青、干饲料搭配,以免青饲料投量过大,长毛兔贪吃致病。

(3)春季虽然野草已逐渐萌芽生长,但因含水量高,容易霉烂变质。所以,要严格掌握饲料品质,不喂霉烂变质或夹带泥沙、堆积发热的青绿饲料。不喂露水草、湿草、腐败变质饲料,禁喂腐败的红薯、马铃薯、白菜,以防腹泻。

(4)过冬后,长毛兔体质较弱,容易患病,春季注意投喂一些大蒜、洋葱、韭菜等杀菌性饲料,防止兔肠炎及其他疾病的发生。

(5)早春要把选好的优良种兔单独饲养,并在配合颗粒饲料中,注意添加维生素和微量元素,特别是对种兔群要格外重视,注意在饲料中添加对繁殖影响较大的胡萝卜 20 克,维生素 E 片 5 毫克或亚硒酸钠维生素 E 粉 200 毫克等。

(6)实践证明,每年春季饲料中毒现象较多,主要是误采误食返青早的有毒野草,饲喂受潮发霉的饲料和出芽的马铃薯或患黑斑病的甘薯等。所以要严防饲料发霉变质,防止误采有毒的饲料。

3. 饮水供应

春天中午温度偏高,饮水量应加大。早晚温度低,饮水量要减少,并注意保温,要及时洗刷水槽,及时更换水槽内的水。饮水若长时间存放,会使水内微生物大量繁殖,饮后易引发大肠杆菌等细菌性疾病,因此,饮水不要长时间存放。

4. 预防疫病

(1)种用兔应及早做好兔出血性败血症及兔瘟、巴氏杆菌二联苗的预防注射。最好在3~4月份进行或在配种前一星期进行。这样能使仔兔获得足够的母源抗体,提高成活率和生长速度。

(2)断奶幼兔每千克料中加入150毫克氯苯胍连喂4~5天,可预防球虫病。

(3)春季雨水多,湿度大,病原微生物活动猖獗,是多种传染病的多发季节,尤其是球虫病危害很大。所以一定要搞好兔场周围环境、兔舍地面、兔笼等的清洁卫生工作,做到勤打扫,勤清理,勤洗刷,勤消毒。

5. 抓好春繁

春季是长毛兔繁殖的好季节,应及早安排配种。一般宜在2月中下旬开始配种,3月上旬配种结束,力争春季繁殖2~3胎。配种时最好采用复配法。

6. 管好孕兔

母长毛兔怀孕15天到分娩前,除特别精心护理外,更要充分喂给营养全面的精料和适量的优质青绿新鲜饲草,以满足母长毛兔本身及胎兔生长发育,从而保证母长毛兔体格健壮,胎兔先天营养足。

二、夏季的饲养管理

夏季高温多湿,长毛兔汗腺不发达,常因炎热而食欲减退,尤其对仔兔、幼兔的威胁很大。因此,在饲养管理上应注意防暑降温和精心饲养。

1. 防暑降温

(1)夏季兔舍应注意阴凉通风,不能让太阳光直接照射到兔笼上;笼舍温度超过30℃时,可采用地面泼水降温;露天兔场要及早搭好凉棚,种植瓜类、葡萄等攀缘植物;没有屋檐的兔舍,南向窗户要装帘遮荫;有条件的兔场可安装排风设施,以保持室内空气流通。

(2)多层兔笼,高层与低层温差甚大,离地面越近温度越低。因此,在暑天种公长毛兔与妊娠母长毛兔应尽可能放在低层。

(3)在伏天到来之前应当剪1次毛,夏季养毛期应控制在60天左右为宜。宜剪不宜拔,且应把头耳毛、脚毛全部剪净,以利机体散热。

(4)饲养密度要适中,断奶兔中成兔一兔一笼,未断奶兔2~3只一笼。

2. 合理饲喂

夏季气温高,兔的食欲不好,喂料要做到“早餐早,午餐少,晚餐饱,夜加草”,把一天饲料的80%安排在早晨和晚上,中午适当多喂一些青绿、多汁饲料。同时供给充足的清洁饮水,并在水中加入1%~2%的食盐,以补充体内盐分消耗,有利于防暑、解渴。也可以加抗生素或0.01%高锰酸钾水或0.02%呋喃唑酮水,可减少或预防消化道疾病的发生。

另外,要特别注意饲料卫生,做到不喂水草、不喂带有泥浆的青料、不喂堆积发热的饲料、不喂霉烂变质的饲料。

3. 搞好卫生和消毒

夏季气温偏高,粪尿容易发酵,蚊蝇孳生,寄生虫和细菌繁殖传播很快,容易引起各种兔病的流行。

(1)除每天打扫兔舍兔笼外,应定期消毒。食槽、饮水除经常洗涤外,至少每周在阳光下暴晒 1 次或用千分之一的高锰酸钾水溶液浸泡消毒。

(2)地面潮湿时可撒草木灰、生石灰、炉灰或干沙土吸湿,使舍内相对湿度保持在 50%～60%。

(3)兔舍周围可定期喷洒消灭蚊、蝇药物,但要防止长毛兔中毒。

4. 停止繁殖

夏季天气炎热,公长毛兔精液品质差甚至无精,母长毛兔消瘦,妊娠分娩后,往往泌乳量减少,不能满足仔兔需要,同时也使母长毛兔体弱多病,不利于秋季繁殖。因此,在没有特殊降温措施的条件下,夏季应停止配种、繁殖。

三、秋季的饲养管理

秋季气候适宜,饲料充足,营养丰富,是饲养长毛兔的好季节。饲养管理工作的重点是抓好秋繁和换毛期管理。

1. 抓紧秋繁配种

秋季是长毛兔繁殖的好季节,但此时长毛兔刚刚度过盛夏,种兔体质较为瘦弱,特别是种公、母长毛兔,应增喂一些蛋白质含量高、维生素丰富的草料,母长毛兔常喂些大麦芽催情,以利于精液质量的恢复和提高。配种时除选用壮年或青年公长毛兔进行配种外,还要实行复配法或双重交配法,以提高配种受胎率,保证秋季繁殖1～2胎。

2. 加强饲养管理

成年兔秋季正值换毛期,换毛期的兔子营养消耗较多,体质较为瘦弱。因此,必须加强饲养管理,适当增喂蛋白质含量较高的精饲料,切忌饲喂露水草,以防引起肠炎、腹泻等疾病。

3. 抓好防疫卫生

秋季是疾病多发季节,特别是幼兔容易发生感冒、肺炎、肠炎、球虫病、疥癣病等疾病,因此要搞好卫生防疫工作,笼舍勤扫勤消毒,保持通风干燥,并按正常免疫程序,进行有关疫苗的接种预防。

4. 搞好兔群调整

每年秋季,一般兔场应根据长毛兔的产毛和繁殖性能,对兔群进行1次全面调整,选择产毛性能好、繁殖力强、后代整齐的兔子继续留作种用;生产性能差或老、弱、病、残兔应及早淘汰、选留优良后备兔补充种兔群。

5. 及早贮备饲料

立秋之后,饲草结籽,树叶开始凋落,农作物相继收获,应及早收贮饲草、饲料,以备冬春之需。若采收过晚,茎叶老化,粗纤维含量增加,可使消化养分降低,影响饲用价值。

四、冬季的饲养管理

冬季气温低,空气干燥,日照短,缺乏各种青绿饲料。饲料条件相对降低,加上维持体温需要大量热能,因此长毛兔冬季生长比较缓慢。但冬季气温低、空气干燥不利于病原微生物和寄生虫繁殖,对长毛兔的健康有利。因此,冬季长毛兔的饲养管理主要是做好防寒保暖工作。

1. 搞好防寒保温

寒冷会刺激兔毛生长,冬季兔舍在10℃以上者不需要加温饲养,只要兔舍温度相对稳定即可,切忌兔舍内的温度忽高忽低;晴天兔舍可以打开窗子,通风换气,保持舍内空气新鲜;寒流到来关闭门窗保温,防止贼风侵袭。

2. 增补饲料供应

(1)冬季长毛兔热能消耗大,饲料喂量应比平时增加20%～30%,以维持体温和生长发育的需要。配合饲料时,应适当提高能量饲料的比例,如玉米、大麦、高粱等。

(2)冬季青饲料缺乏,要经常补喂一些萝卜、胡萝卜、青菜叶等多汁饲料,也可将大麦、玉米等谷物籽实发芽,待芽长 8～10 厘米时直接喂兔,以增加营养、补充维生素。

(3)做到少喂勤添,以防剩料结冰,否则长毛兔采食后易发生肠炎、拉稀和流产。

(4)冬季气候干燥,饮水要充足,并饮用温水。

3. 加强饲养管理

冬季天冷,对仔兔巢箱应勤换垫草,保持干燥;冬季的仔、幼兔舍应加温,保持室温在 20℃以上,冬季最冷时不要剪头刀毛,仔、幼兔笼舍内要垫柔软的干草、仔兔箱上要加盖棉垫保温。

4. 抓好冬繁配种

实践表明,冬季繁殖,只要做好保温防寒工作,冬繁的仔、幼兔成活率都比较高,但冬繁仔兔哺乳期宜长,一般不进行血配,而且应以繁殖一胎为宜,不要在冬季连续繁殖,以繁殖 1 胎为宜。初生仔兔要做好保温接产工作,并进行精心管理。

5. 冬季采毛

冬季有利于兔毛的生长,成年长毛兔一般以拔毛为宜,拔毛时应拔长留短,每月 1 次。通过拔毛可促进血液循环,提高兔毛产量,增加粗毛比率。幼兔、妊娠母长毛兔和哺乳母长毛兔则不宜拔毛。

第六章　长毛兔常见疾病的
疾病防治

　　做好兔病预防工作,防止疾病的发生,是保证长毛兔生产的关键。作好兔病预防工作,必须采取综合性技术措施,树立"防重于治,预防为主"的生产观点,才能保证长毛兔生产的正常进行和不断发展。

第一节　兔病综合防治措施

一、兔病发生规律

　　认识和掌握兔病发生的规律,有助于防治工作的开展,主动地做好预防工作。兔病的发生受许多因素的影响,如年龄、性别、季节及其他动物疾病的传入等,养殖者要掌握这些规律,做到心中有数,有的放矢。

1. 兔病与年龄的关系
　　年龄的差异主要表现在多发和常发疾病的不同,幼兔特别是刚离乳的幼兔,由于消化系统发育不完全,防御屏障机能尚不健全,易患胃肠道疾病,老龄兔由于代谢机能与免疫功能的减退,体质下降,发病率也较高,抗病力弱。

2. 兔病与性别的关系
　　母长毛兔疾病相对比公长毛兔多,由于母长毛兔要繁殖仔兔,所以产科疾病占一定比例,如流产、乳房炎等。

3. 兔病与季节的关系

不同季节兔的多发病、常发病和发病率的种类也不同,如1～3月份气温明显下降,各种传染媒介(苍蝇、蚊子等)及病原体的繁殖均受到一定限制,发病就较少。4～6月份为兔的产仔季节,发病率相对增高,7～9月份是酷暑盛夏季节,各种病原微生物活动猖獗,而且饲料容易腐败变质,易引起中暑、中毒及各类胃肠炎等疾病,是容易发生传染病的季节,必须加强饲养管理和卫生防疫工作。10～12月份要做好饲养管理和加强防寒保温工作,发病率会明显下降,是繁殖仔兔的好季节。

4. 兔病与其他动物疾病的关系

很多疾病能在各种动物之间相互传播和感染,如鸡的巴氏杆菌病可以传给兔,弓形体病可由猫传染给兔等,所以当附近发生疾病流行时,应及时采取有效的预防传染病的措施。

二、疾病的综合预防

(一)把好引种关

1. 引进种兔时要检疫

引进种兔时,只能从非疫区购入,经当地兽医部门检疫,并签发检疫合格证明书,再经本场兽医验证、检疫,隔离观察1个月以上,确认为健康者,经驱虫、消毒(没有预防接种的,要补注疫苗)后,方可混群饲养。

兔场使用的饲料和用具也要从安全地区购入,不要随意购买。

2. 坚持"自繁自养"的繁殖方针

坚持"自繁自养",其目的为防止因引进兔种而带入疫病,造成疾病的传播。

（二）创造良好的饲养环境

环境条件的好坏直接影响到兔的生长发育和繁殖能力。因此，加强兔舍环境的调节控制，创造适宜的生活环境，有利于提高养兔效益。

1. 温度控制

温度过高过低均会影响长毛兔的生长发育、生产性能和饲料报酬。适宜温度：一般初生仔兔最适温度为 30～35℃；30 日龄前仔兔为 23～30℃；幼兔、成年兔、青年兔为 15～25℃。因此，修建兔舍时应根据当地气候特点，选择开放、半开放或室内笼养兔舍；同时注意兔舍的保温隔热，四周种植花草树木。夏季应采取室内安装降温通风设备或地面喷水，降低饲养密度等降温措施。

2. 湿度控制

兔舍内相对湿度以 60%～65% 为宜，一般不应低于 55% 或高于 70%。湿度过大易引起疥癣、球虫病、湿疹等；湿度过小可引起呼吸道黏膜干燥，导致细菌、病毒感染发病。要加强通风，降低舍内饲养密度，及时清理粪尿和垫草，以降低舍内湿度。

3. 光照调控

一般认为繁殖兔每天光照 14～16 小时，光照强度每平方米不低于 3～4 瓦，有利于正常发情、妊娠和分娩；公长毛兔每天光照应保持 12～14 小时，持续光照超过 16 小时，会影响精子的质量和数量。

4. 噪音控制

长毛兔胆小怕惊，突然的噪声可引起妊娠母长毛兔流产、哺乳母长毛兔拒绝哺乳，甚至残食仔兔等严重后果。

噪声的来源主要有三方面：一是外界传入的声音；二是舍内机械、操作产生的声音；三是兔自身产生的采食、走动的声音。为了减少噪声，兴建兔舍一定要远离高噪音区，如公路、铁路、工矿企业等，尽可能避免外界噪声的干扰；饲养管理操作要轻、稳，尽量保持兔舍的安静。

5. 灰尘的控制

为了减少兔舍空气中的灰尘含量，应注意饲养管理的操作程序，使用颗粒饲料，保证兔舍通风性能良好。

(三)消毒控制

把病原微生物杀死或者使之停止繁殖的方法，叫消毒。当前，有相当多的兔场，尤其养殖户，存在对卫生消毒工作的重视不够，措施不力，摆样子走过场现象，致使整个防疫制度脱节，出现漏洞，达不到所预期效果，致使疫情愈来愈严重。

卫生消毒工作在于消灭病原微生物，阻断它们与兔体接触，是疾病防治最根本、最关键的措施。虽然不可能消灭兔舍内所有病原体，但经过努力，可最大限度的清除传染源，再配合免疫接种、药物防治等措施，就可确保兔群健康。

1. 常用的消毒方法

常见的消毒方法有物理消毒法、生物热消毒法、化学消毒法等。

(1)物理消毒法分为清扫洗涮法(经常清扫粪便、污物，洗刷兔笼、底板和用具)、日光曝晒法(日光中紫外线具有良好的杀菌作用，长毛兔的巢箱、垫草、饲草等在阳光下直射 2～3 小时，可杀死一般病原微生物)、煮沸法(经煮沸 30 分钟，一般微生物可被杀死，适用于医疗器械及工作服等的消毒)、火焰法(喷灯火焰温度可达 400～600℃，可用于笼舍等消毒，效果很好，但要注意防火)。

(2)生物热消毒法:生物热消毒主要用于污染粪便的无害处理,兔场应该将兔粪和污物集中堆放在离兔舍较远的偏僻处,使粪便堆沤后利用粪便中的微生物发酵产热,可使温度高达70℃以上。经过一段时间,可以杀死病毒、病菌、球虫卵囊等病原体而达到消毒目的,同时又保持粪便的肥效。

(3)化学消毒法:应用化学消毒剂进行消毒是兔场使用最广泛的一种方法。化学消毒剂的种类很多,而消毒的效果如何,则取决于消毒剂的种类、药液的浓度、作用的时间和病原体的抵抗力以及所处的环境和性质。因此在选择时,可根据消毒剂的作用特点,选用对该病原体杀灭力强,又不损害物体本身、毒性小、易溶于水,在消毒的环境中比较稳定以及价廉易得和使用方便的化学消毒剂。

①漂白粉:每立方米河水或井水中加漂白粉6～10克,消毒30分钟后即可作饮用水。10%～20%乳剂常用于兔舍、地面、墙壁、运输工具、排泄物及分泌物的消毒。3%的澄清液可用于食槽、饮水器及其他非金属用品的消毒。本品应现配现用,对金属及衣物有轻度腐蚀性,对组织(皮肤)有一定刺激性,应注意防护。

②漂白粉精:0.5%～1.5%用于地面、墙壁消毒,0.3～0.4克/千克用于饮水消毒。

③氯胺(氯亚明):食槽、器皿消毒用0.5%～1%溶液;排泄物与分泌物消毒用3%溶液;饮水消毒,1升水用2～4毫克;黏膜消毒用0.1%～0.5%溶液。配制消毒溶液时,如加入等量的氯化铵,可使消毒溶液活化,大大提高消毒能力;活性溶液应于使用前1～2小时配制,因为时间过长,效果会下降。

④优氯净:0.01%～0.02%溶液用于环境、用具消毒;饮水

消毒,每升水用药 4 毫克。本品水溶液不稳定,宜现配现用。不宜用于金属笼具及有色棉织物的消毒。

⑤二氧化氯(超氯、消毒王):有效氯含量为 5% 时,用于环境消毒,1 升水加药 5～10 毫升,喷雾消毒;饮水消毒,100 升水加药 5～10 毫升;用具、食槽消毒,1 升水加药 5 毫克搅匀后,浸泡 5～10 分钟。二氧化氯使用时须用酸活化,现配现用,不得过期使用;为加强稳定性,二氧化氯溶液在保留时加入碳酸钠、硼酸钠等。

⑥碘酊:有强大的消毒作用,能杀死细菌、芽孢、霉菌和病毒。2%～2.5% 用于皮肤消毒。

⑦复合碘溶液:可用于兔舍、场地、用具、车辆、污染物的消毒。兔舍、器械的消毒,用水将消毒剂稀释 100～300 倍的浓度使用;饮水消毒,用 2% 浓度的碘溶液,每升水加入 0.4 毫升。宜现配现用,对金属用品有一定的腐蚀性。

⑧碘伏:对病毒、细菌、芽孢有较强的杀灭作用,0.5%～1% 用于皮肤消毒,0.00001% 浓度用于饮水消毒。

⑨苯酚(石炭酸):本品杀菌作用不强,毒性较大,2% 用于皮肤消毒,3%～5% 用于环境与器械消毒。忌与碘、溴、高锰酸钾、过氧化氢等配伍使用。不能用于创伤、皮肤消毒。

⑩复合酚:为广谱、高效复合型新型消毒剂,对多种细菌、霉菌、病毒和多种寄生虫卵都有杀灭作用,还可抑制蚊、蝇等昆虫和鼠害。主要用于兔舍、用具、饲养场地、运动场、运输车辆或病兔排泄物及污物的消毒。对严重污染的环境,可适当增加浓度和喷洒的次数。0.5%～1% 用于被病毒、真菌等污染的兔舍、笼具、场地的消毒。

⑪煤酚皂溶液(来苏儿):对繁殖型细菌的杀灭能力强,而对芽孢、病毒的杀灭作用较差。常用 2% 浓度的水溶液洗手,3%

浓度的水溶液可用于兔舍、地面、墙壁、污染物及运动场地的消毒。

⑫氯甲酚溶液（菌球杀）：本品为甲酚的氯代衍生物，一般为5％的溶液，杀菌作用较强，毒性较小，主要用于兔舍、用具、污染物的消毒。以水稀释 30～100 倍后用于环境、畜兔舍的喷雾消毒。

⑬新洁尔灭（溴苄烷胺）溶液：常用 0.1％水溶液用于木制品的消毒、洗手等，0.15％水溶液可用于兔舍喷雾消毒。不宜与阳离子表面活性剂如肥皂、洗衣粉及过氧化物、碘、碘化钾等配合使用。浸泡消毒时，药液一旦浑浊需进行更换。

⑭消毒灵（杜米芬）：主要用于杀灭细菌病原，消毒能力强，毒性小。0.02％水溶液用于局部创伤感染湿敷，0.05％水溶液用于皮肤、黏膜消毒，0.05％～0.1％水溶液用于器械消毒（加亚硝酸钠 0.5％，以防生锈）。

⑮百菌消：1∶（100～300）浓度溶液用于兔舍、兔笼及用具消毒；1∶300 浓度溶液用于消毒饲料间、手术室及伤口等；1∶500 浓度用于消毒饲草等；0.005％～0.01％水溶液用于饲槽、水槽及饮水消毒。

⑯双氯苯胍己烷：0.02％用于皮肤、器械消毒，0.5％用于环境消毒。

⑰过氧乙酸（过醋酸）：国产过氧乙酸制品分甲液与乙液，配制时取甲液 2 份和乙液 3 份混合过夜，再配成 1∶20 的水溶液，常用于兔舍喷雾消毒及室内空气消毒，也可用于地面、墙壁、通道、食槽、饮水槽、兔笼及用具的消毒。耐酸的塑料制品、玻璃、搪瓷、橡胶制品及其用具等，可用此液浸泡消毒。由于过氧乙酸的混合液不稳定，不可存放过久，必须现用现配。

⑱高锰酸钾（灰锰氧、PP 粉）：本品的水溶液能使有机物迅

速氧化而起杀菌作用,低浓度时还有收敛作用。在酸性溶液中杀菌作用增强,常利用其氧化性能加速福尔马林蒸发而起到空气消毒作用。0.1%用于创面和黏膜消毒,0.01%~0.02%用于消化道清洗。常以本品 2%~5%的溶液浸泡或洗刷兔污染的食槽、饮水器及消毒被污染的器具等。应现配现用,久贮易失效,禁与酒精、甘油、碘、糖等混合。

⑲双氧水(过氧化氢溶液):本品为过氧化氢的水溶液,市售浓度通常为 25%~30%。有强氧化性,在组织或血清中的过氧化酶的作用下,迅速分解产生初生态氧而起杀菌作用。1%~2%用于创面消毒,0.3%~1%用于黏膜消毒。

⑳氢氧化钠(烧碱、苛性钠):本药是强消毒剂,能杀灭所有微生物和寄生虫卵。常用于预防病毒性或细菌性传染病的环境消毒或污染兔场的清理消毒。0.5%溶液用于煮沸消毒、敷料消毒,2%用于病毒消毒,5%用于炭疽消毒,兔舍的出入口处消毒池和周围环境可用其 2%~3%的溶液消毒。该药有很强的腐蚀性,使用时要十分小心,消毒后第 2 天,必须用水冲洗。金属器具禁用本药,使用时应注意安全,保护皮肤和衣物。

㉑生石灰(氧化钙):本品是价廉易得的良好消毒药,对大多数繁殖型细菌有较强的杀菌作用。一般加水配成 10%~20%的石灰乳液,涂刷兔舍的墙壁,寒冷地区常撒在地面、粪池及污水沟,或兔舍出入口做消毒用。配法是生石灰和水各 1 千克混合,便成熟石灰(氢氧化钙),再加水 8 千克即成 10%的乳剂。生石灰必须在有水分的情况下,才能发挥消毒作用。可加入其本重量 70%~100%的水,一定要成为疏松的熟石灰粉末才能杀菌。但熟石灰可以从空气中吸收 CO_2 变成碳酸钙沉淀而失效,所以石灰乳宜现配现用。本品有一定腐蚀性,消毒待干后才能使用。

㉒草木灰水:草木灰是农作物秸秆或木材经过完全燃烧后的灰,是一种易得的消毒药。常用30%的浓度,配制时取3千克新鲜草木灰加水10千克,煮沸1小时,取上清液趁热用于兔舍、墙壁、运动场、用具、排泄物及兔舍进出口处消毒,对杀灭病毒、细菌均有效。

㉓甲醛溶液(福尔马林):常用含37%～40%甲醛的溶液。常用其2%～4%水溶液浸泡器械,消毒兔舍、兔笼、地面、墙壁、饲槽及用具等。熏蒸消毒兔舍时,每立方米空间用福尔马林25毫升,水12.5毫升,两者混合后置于容器内,再放入高锰酸钾25克,在密闭条件下消毒24小时,然后打开门窗通风透气。也可用氨气中和甲醛气味,停留1天后再放入兔。本品对皮肤、黏膜及呼吸道有刺激作用,消毒后要打开门窗,加强通风换气;发生沉淀时不能用。福尔马林和高锰酸钾合用时要特别注意,千万不要把高锰酸钾倒入福尔马林溶液中去。

㉔戊二醛:无色油状液体,有微弱的甲醛味道,挥发度较低。对细菌、病毒、霉菌、芽孢均有杀灭作用,毒性比甲醛低,对皮肤和黏膜的刺激性较弱。酸性溶液稳定,弱碱性溶液(pH 7.5～8.5)杀菌作用最强。因为本品相对较为昂贵,主要用于诊断用品及器械的消毒。常用2%碱性溶液(加0.3%碳酸氢钠)用于诊断用品及器械的消毒。溶液宜现配现用,不可长时间保留,放置2周后即失效。

㉕乙醇(酒精):无水乙醇含量为99%以上,凡未指明浓度者,均指95%乙醇。以70%～75%浓度的溶液作皮肤、体温计、针头等的消毒,可杀死一般繁殖型的病原菌,对细菌芽孢无效。当浓度超过75%时,由于菌体表层蛋白迅速凝固,因而妨碍了向菌体渗透,杀菌效果反而降低。本品易挥发,应密封保存。

㉖紫药水:紫药水对组织无刺激性,毒性很小,市售有

1‰～2‰的溶液,常用于治疗创伤。

㉗洗必泰:常用0.02％水溶液用于洗手,0.1％水溶液用于饲养用具及器械的消毒,0.05％水溶液用于兔舍、场地、仓库及工作室的喷雾消毒。

2. 消毒的先后顺序

消毒次序是墙壁、门窗、兔笼、食槽、地面及用具和门口地面。

3. 消毒频率

一般情况下,每周要进行不少于1次的兔舍消毒;发病期间,坚持每天晚上带兔消毒。

4. 消毒方法

(1)进场进舍的消毒:凡进入场区的人员、车辆,必须经药物喷雾消毒后才能进入场内,场区入口、生产区入口处的消毒池每周更换2～3次消毒液,兔舍入口处消毒池(垫)的消毒液每天更换1次。可选用碱类消毒剂、过氧化物类消毒剂等轮换使用。严禁其他畜禽进入场区。

凡进入兔舍、饲料间的饲养人员,必须在换衣、换鞋和脚踏消毒池水后方可入内,饲养人员必须洗手消毒后才能开始工作。每天工作完毕后饲养人员应将工作服、鞋子、帽子脱在更衣室,洗净消毒后备用。

(2)人员消毒:工作人员进入生产区须经"踩、照、洗、换"消毒程序(踩踏消毒垫消毒,照射紫外线,消毒液洗手或洗澡,更换生产区工作服、胶鞋或其他专用鞋等)消毒后,方可进入。进出兔舍时,双脚踏入消毒垫,并注意洗手消毒,可选用季胺盐类消毒剂(0.5％新洁尔灭)等。

外来人员禁止进入生产区,若必须进生产区时,经批准后按消毒程序严格消毒。

检查巡视兔舍的工作人员、生产区的工作人员、负责免疫工作的人员，每次完成工作后，应用消毒剂洗手，并对工作服进行消毒。

（3）环境消毒：场区道路、兔舍周围环境可用10％漂白粉或0.5％过氧乙酸等消毒剂，每半月喷洒消毒至少1次。

排污沟、下水道出口、污水池定期清除通顺干净，并用高压水枪冲洗，每1～2周至少消毒一次。

春秋两季，兔舍墙壁上和固定兔笼的墙壁上涂抹10％～20％的新鲜石灰乳，墙角、底层笼阴暗潮湿处应撒上生石灰。

（4）带兔消毒：带兔消毒时间一般选择在15日龄以后，喷雾消毒时先将笼中接粪板上的粪便清理掉，笼上的兔毛、尘埃和杂物清理干净，然后用消毒药进行喷雾消毒。

消毒液应选择高效低毒、杀菌力强、刺激小的消毒剂，如百菌灭、百毒杀、二氯异氰尿酸钠、抗毒威等。喷雾时按照从上到下，从左到右，从里到外的原则进行消毒。

背负式喷雾器省力，价格适中，中小型兔场选用较为实用。喷雾时切忌直接对兔头喷雾，应使喷头向上喷出雾粒，雾粒大小控制在50～80微米，每立方米用20毫升消毒液，喷至笼中挂小水珠方可。带兔喷洒消毒时，为了减少兔的应激反应，要和兔体保持50厘米以上的距离喷洒，消毒液水温也不要太低。为了增强消毒效果喷雾时应关闭门窗。

仔兔开食前每隔2天消毒1次；开食后断奶前，每隔4～5天消毒1次；幼兔每星期消毒1次；青年兔每15天消毒1次；免疫接种前后3天停止消毒；兔群发生疫病时可采取紧急消毒措施。

带兔消毒宜在中午前后进行。冬春季节选择天气好、气温较高的中午进行。

(5)地面、墙壁和顶棚:清洗污物、粪便和尘埃。在消毒前必须用清水将地面、墙壁等处的粪便、污物冲洗干净,因为这些污物中存在大量病原微生物,消毒药只能将其表面病原微生物杀死,而不能杀死污物内部的病原微生物。可用2%氢氧化钠溶液进行喷洒,也可用0.1%百毒威、百毒杀等喷洒。

(6)水、料槽:将食槽、饮水器等从笼中拆下,对耐高温材质的水槽、料槽可以用火焰喷灯灼烧,再用清水清洗干净。对耐腐蚀性材质的水槽、料槽(如陶瓷)可先用清水清洗干净,再用0.1%高锰酸钾水溶液浸泡5~10分钟,清水冲洗晾干再用。为了增强消毒效果,可将溶液加温到40~50℃。

(7)兔笼:对木、竹兔笼及用具,可用开水或2%热碱水烫洗,也可用0.1%新洁尔灭或3%的漂白粉澄清液清洗。金属兔笼和用具可用喷灯进行火焰消毒,或浸泡在开水中10~15分钟。

(8)产仔箱:为防止仔兔皮炎、疥癣、球虫等疾病的传播,凡在仔兔分窝后,将箱内垫草等杂物清理干净,用2%火碱进行彻底喷洒,或用喷灯进行烧灼消毒。

另外,各栋兔舍的设备、工具应固定,不得互相借用;每个兔笼和料槽、饮水器也应固定;刮粪耙子、扫帚、锹、推粪车等用具,用完后及时清洗消毒,晴天放在阳光下曝晒;运输笼用完后应冲刷干净,放在阳光下曝晒2~4小时后备用;兔转群或母长毛兔分娩前,兔舍、兔笼均须消毒1次。

5. 发生疫病后的消毒

兔场发生传染病时,应迅速隔离病兔,由专人饲养和治疗。病兔笼和污物要用酒精喷灯严格消毒。饲养人员要搞好个人卫生,加强出入饲养场区的消毒管理。严防饲料、饮水、垫料之间的交叉污染,兔舍、兔笼用具及环境每3天要消毒1次。发生急性传染病的兔群应每天消毒1次。兔舍消毒应选择在晴天进行,并注意做好通风工作。当传染病被控制住后,若不再发现病兔及有关症状,全场范围内应进行1次彻底消毒。

6. 消毒注意事项

(1)消毒时药物的浓度要准确,消毒方法要得当、药物用量要充足,作用时间要充分,污物清除要彻底。

(2)稀释消毒药时一般应使用自来水或白开水,药物现用现配,混合均匀,稀释好的药液不宜久贮,当日用完。

(3)消毒药定期更换,轮换使用。但注意几种消毒剂不能同时混合使用:酚类、酸类消毒药不宜与碱性环境、脂类和皂类物质接触;酚类消毒药不宜与碘、溴、高锰酸钾、过氧化物等配伍;阳离子和阴离子表面活性剂类消毒药不可同时使用;表面活性剂不宜与碘、碘化钾和过氧化物等配伍使用。

(4)使用强酸类、强碱类及强氧化剂类消毒药消毒过的地面、墙壁等用清水冲刷后再进兔。

(5)带兔消毒时不可选择熏蒸消毒;带异味的消毒剂不做兔体消毒或圈舍带兔消毒。

(6)挥发性的消毒药(如含氯制剂)注意保存方法、保存期。使用火碱、石炭酸、过氧乙酸等腐蚀性强消毒药消毒时,注意做好人员防护。圈舍用火碱消毒后,6~12小时内用水清洗干净。

(四)做好基础免疫

预防接种是控制传染病发生的一种重要手段。

1. 常见病的疫苗防疫

30~35日龄:兔瘟灭活疫苗,皮下注射1毫升。

50~55日龄:兔瘟-巴氏二联灭活疫苗,皮下注射2毫升。

65~70日龄:魏氏梭菌灭活疫苗,皮下注射2毫升。

80～85日龄:兔瘟-巴氏二联灭活疫苗,皮下注射2毫升。

成年兔:每隔半年接种一次兔瘟-巴氏二联灭活疫苗,皮下注射2毫升;魏氏梭菌灭活疫苗,皮下注射2毫升。

2. 疫(菌)苗使用方法

(1)购买的疫(菌)苗必须是国家定点或指定的生物制品厂或相应的销售机构,清楚的标明疫(菌)苗的名称、生产日期、生产批号、保存及使用方法、生产厂家并且附有合格证。

(2)疫(菌)苗一般应在18℃以下、4℃以上环境下避光保存。没有冰箱时可贮存于地窖水井水面上部。切勿高温和冰冻保存(疫苗注明可冰冻保存的除外)。保存时间一般在6个月以内。

(3)疫(菌)苗使用前要认真检查,进行预防接种时,首先要看清疫苗使用说明书或瓶签,按规定方法使用,并做好登记,主要记载接种日期、疫苗或菌苗名称、生产厂家、批号、有效日期、接种剂量、接种方法、接种只数等,以便观察接种效果,分析发生问题的原因。

凡有下列情况之一者不应使用:无标签或标签不清,又不确知的疫(菌)苗;过期失效的疫(菌)苗;质量有问题的疫(菌)苗(如发霉、色变、沉淀结絮、有异物等);瓶壁破裂或瓶塞脱落、瓶壁渗漏的疫(菌)苗;未按要求保存的疫(菌)苗等。

(4)所有注射器和针头等应严格消毒,每只兔使用一支针头。

(5)疫(菌)苗使用前必须摇匀,一瓶疫(菌)苗应一次用完。若没有用完而又准备在短期内使用,应抽出瓶内空气,针孔处应该用石蜡密封。

(6)注射部位应先消毒,注射剂量要准确,注射完毕拔出针头时,要用棉球闭塞针孔并轻轻挤压,以防疫苗从针孔处外流。

(7)如果使用的是合格疫苗,如使用了二联或三联苗进行了免疫接种,一般不必再注射单联疫苗了,除非确信此次免疫失败。

(五)药物预防

兔群除加强饲养管理,及时进行免疫接种外,应用药物预防疾病,是重要的防疫措施之一。尤其在某些疫病流行季节之前或流行初期,应用安全、价廉、残留少、有效的药物加入饲料、饮水或添加剂中,进行群体预防和治疗,可以收到明显的效果。比如产后 3 日内,每长毛兔每次内服长效磺胺片 0.05 克/千克体重,每日内服 2 次,连服 3 日,可预防乳房炎等疾病的发生。每千克体重用呋喃唑酮(痢特灵)5～10 毫克,混入饲料中内服,每日 2 次,可减少沙门氏菌病及大肠杆菌病的发生。将磺胺二甲嘧唑按 0.4％～0.5％的量混入饲料中内服,每日 2 次,或以 0.2％浓度饮水,连饮 3 周;或用强力霉素每千克体重 5～10 毫克,每日内服 2 次,可减少波氏杆菌病、巴氏杆菌病及球虫病的发生。用土霉素按每千克体重 20 毫克,每日内服 2 次,连服 3 日,可预防巴氏杆菌病及魏氏梭菌病的发生。

在兔群中,防止球虫病的感染是提高仔兔成活率的关键。平时可在饲料中经常混入一些葱、蒜等食物,同时要注意用药物预防。在仔兔开食或断奶期间,可用球痢灵,每千克体重 50 毫克,每日内服 2 次,连用 5 日;或氯苯胍,每千克饲料中加药 150 毫克,断奶开始连用 45 日;可爱丹(氯羟吡啶),每千克饲料中加药 200 毫克,连用 4 周,可预防球虫病、滴虫病及其他细菌的感染。

在使用药物预防时,注意防止产生耐药性,影响药物的防治效果。因此要经常进行药敏试验,选择有高度敏感性的药物用于防治。每次投药剂量要足,混饲时搅拌要均匀,用药时间一般以 3～7 天为宜。使用的药物要详细登记名称、批号、剂量、方法等,以便观察效果,适时处理出现的问题。

(六)减少应激

应激是长毛兔对造成其生理紧张状态的环境压力或心理压力的反应,应激对长毛兔生长、健康、繁殖等都会产生不良影响。

1. 引发长毛兔应激的因素

长毛兔是一种习惯性很强的动物,对各种突如其来的刺激会产生应激反应。

(1)惊吓:突然的喧闹声、机器的轰鸣、锣鼓音及鞭炮声等,都会使长毛兔受到惊吓而产生应激反应,如发情停止,繁殖机能紊乱,孕兔出现流产,哺乳母长毛兔拒绝哺乳,正在分娩的孕兔会发生难产,有些母长毛兔甚至咬伤或吃掉仔兔。幼兔神经调节机能不全,胆子极小,容易惊群,造成踩伤、挤伤;部分幼兔出现脑溢血或胃脏、胆囊破裂而死。

(2)转群:断乳后的幼兔,因环境的改变产生应激反应,其中主要是由于笼舍位置的改变和与同伴分开所造成的孤独和恐惧,招致长毛兔的抗病力下降,易感染发病。

(3)温度:由于长毛兔调节体温能力差,因此,当室内、外气温的突然升高或下降时,都会使长毛兔产生应激反应。

①气温突然升高:当气温升高超过临界线 35℃时,轻者引起食欲不振,导致疾病;重者中暑死亡。

②气温突然下降:使兔群易患感冒,并为巴氏杆菌病和球虫病的发生和流行提供条件。

(4)异味:长毛兔的嗅觉十分发达,对异常气味特别敏感。如兔舍内的空气流通不畅、臭气熏天时,会使长毛兔产生应激反应,兔群表现不安、食欲减少或拒食。尤其是室内空气中的二氧化碳含量超过 25% 时,会引起长毛兔中毒死亡。

(5)潮湿:当兔舍内的湿度超过 65% 时,长毛兔就会产生应激反应,极容易引发消化道疾病和球虫病。

(6)料变:突然改变饲料的结构和饲喂的数量、次数等,都会引起长毛兔应激反应,尤其是断乳后的幼兔更明显。病兔表现为消化不良,腹泻,肠炎,死亡率高达 50% 以上。

(7)缺水:当母长毛兔产仔后,感到腹空、口渴,找不到水时,就会产生应激反应,母长毛兔就有可能吃掉仔兔。

(8)编号:30～40 日龄幼兔,正值打耳号时期,在相同的条件下,兔群发病率比未打耳号时高。

(9)接种:30～40 日龄正是接种兔病毒性出血症疫苗的时段,接种疫苗的兔群的死亡率明显高于未接种的兔群。

2. 防治措施

在养兔生产中,应尽量减少各种应激的发生,或将应激强度、时间降到最低。如仔兔断奶采用原笼饲养法,断奶、刺号间隔进行,长途调运采用铁路运输为佳,兔舍饲养密度不宜过大,饲料配方变化逐渐进行,严禁生人或野兽进入兔舍等。应尽量做到防止噪音,谢绝人员参观,严禁其他动物进入,每天的操作管理程序(如开灯关灯、喂料、打扫卫生、配种等)保持相对稳定,若要更换饲料,需经 5～7 天的过渡,不可突然更换等。日粮中添加维生素 C,可降低长毛兔的应激反应。

(七)粪便的控制处理

兔粪中含的氮、磷、钾比其他畜禽粪便都高,还含有多种微量元素和维生素。1 只成年兔 1 年可积肥 10 千克,10 只成年兔的排粪量相当于 1 头猪的排粪量。每 100 千克兔粪相当于

10.85千克硫酸铵、10.90千克过磷酸钙、1.79千克硫酸钾的肥效。

兔粪尿能改良土壤团粒结构,提高土壤肥力,并具有杀虫灭菌、抗旱保墒等作用。施用兔粪尿的土壤,能减少蝼蛄、红蜘蛛、黏虫等地上和地下的害虫,在棉苗期施用稀兔粪尿能防治侵害棉苗的地老虎,用兔粪尿熏烟可杀死僵蚕菌,使蚕茧丰收。施用兔粪尿对各种作物都能起到增产作用。

兔粪尿中的尿素。氨态氮及钾、磷等都能被植物直接吸收利用,但其中未被消化吸收的蛋白质不能被植物直接利用,需经发酵腐熟后才能被吸收,因此必须对兔粪尿进行发酵处理,以提高其肥效和利用率。

(八)鼠和蚊、蝇的控制

老鼠、蚊、蝇等是病原微生物的宿主和携带者,能传播多种传染病和寄生虫病。由于养兔场中的饲料为鼠类提供了丰富的食物,场内小气候又适合于鼠类的生长,一些缝隙和孔穴为其躲藏、居住和活动提供了方便条件,加之鼠类的繁殖快,因而一些对鼠类失于防控的养兔场,往往鼠类数量很大,危害十分严重,养兔场必须采取综合性措施灭鼠。

1. 灭鼠

鼠是人、畜多种传染病的传播媒介,鼠还盗食饲料和咬死幼兔,咬坏物品,污染饲料和饮水,危害极大,因此兔场必须做好灭鼠工作。

(1)防止鼠类进入建筑物:在设计和建设兔场时,就应考虑防鼠措施,防止鼠类进入兔场。日常管理工作中要把防鼠灭鼠、消灭虫害列入兽医卫生防疫计划,制订措施。平常要搞好兔场的环境卫生,及时清除兔舍周围的杂物、垃圾及乱草堆等。

(2)器械灭鼠:器械灭鼠方法简单易行,效果可靠,对人、畜无害。灭鼠器械种类繁多,主要有夹、关、压、卡、翻、扣、淹、黏等。近年来还采用电灭鼠和超声波灭鼠等方法。

(3)生态灭鼠:利用鼠类天敌如猫等来捕杀。

(4)化学灭鼠:即有计划的投放毒饵,在一个地区内统一时间,围杀鼠类。常用的灭鼠药有敌鼠钠盐、氯敌鼠、杀鼠灵、杀鼠迷、大隆、溴敌隆等。投饵方法:将毒饵盒沿兔场周围鼠出没通道设置,长期投放对杜绝鼠害效果很好。灭鼠药要定期更换,以防鼠拒食和产生耐药性。放置毒饵时,应注意防止兔误食中毒。

2. 灭蚊、蝇

养殖场易孳生蚊、蝇等有害昆虫,骚扰人、畜和传播疾病,给人、禽健康带来危害,应采取综合措施杀灭。

(1)环境卫生:搞好养殖场环境卫生,保持环境清洁、干燥,是杀灭蚊蝇的基本措施。蚊虫需在水中产卵、孵化和发育,蝇蛆也需在潮湿的环境及粪便等废弃物中生长。因此,应填平无用的污水池、土坑、水沟和洼地。保持排水系统畅通,对阴沟、沟渠等定期疏通,勿使污水储积。对贮水池等容器加盖,以防蚊蝇飞入产卵。对不能清除或加盖的防火贮水器,在蚊蝇孳生季节,应定期换水。永久性水体(如鱼塘、池塘等),蚊虫多孳生在水浅而有植被的边缘区域,修整边岸,加大坡度和填充浅塘,能有效地防止蚊虫孳生。养殖舍内的粪便应定时清除,并及时处理,贮粪池应加盖并保持四周环境的清洁。

(2)化学杀灭:化学杀灭是使用天然或合成的毒物,以不同的剂型(粉剂、乳剂、油剂、水悬剂、颗粒剂、缓释剂等),通过不同途径(胃毒、触杀、熏杀、内吸等),毒杀或驱逐蚊蝇。化学杀虫法具有使用方便、见效快等优点,是当前杀灭蚊蝇的较好方法。

①马拉硫磷:为有机磷杀虫剂,它是世界卫生组织推荐用的

室内滞留喷洒杀虫剂,其杀虫作用强而快,具有胃毒、触毒作用,也可作熏杀,杀虫范围广,可杀灭蚊、蝇、蛆、虱等,对人、畜的毒害小,故适于畜禽舍内使用。

②敌敌畏:为有机磷杀虫剂,具有胃毒、触毒和熏杀作用,杀虫范围广,可杀灭蚊、蝇等多种害虫,杀虫效果好。但对人、畜有较大毒害,易被皮肤吸收而中毒,故在畜舍内使用时,应特别注意安全。

③合成拟菊酯:是一种神经毒药剂,可使蚊蝇等迅速呈现神经麻痹而死亡。杀虫力强,特别是对蚊的毒效比敌敌畏、马拉硫磷等高 10 倍以上,对蝇类,因不产生抗药性,故可长期使用。

(九)病死兔的处理

(1)发病死兔,应作病理剖检:兔在死后应立即作剖检。检查病变主要在胸腔还是在腹腔。肺、肝、肾、肠道等主要部位有哪些病理变化,据此做出初步判断。这样做便于积累知识和经验,对于长期从事养兔业的人来说十分重要。如遇兔群死亡率突然增高,作病理剖检能及时作出诊断,对指导疾病的防治更为重要。

(2)正确处理病死兔:所有病死兔剖检后,应远离兔舍深埋或烧毁,减少病原散播。千万不能乱扔,或给猫狗吃等。

(3)若兔群发病死亡率突然升高,又查不出病因,更没有很好的治疗办法,应送新鲜病死兔到有条件的兽医部门进行诊断,以免耽误时机,造成更大损失。

(4)及时淘汰病残兔:一些失去治疗价值及经济价值的兔应及时淘汰。如严重的鼻炎兔、反复下痢的兔、僵兔、畸形兔以及失去繁殖能力的兔。一些病兔虽然能存活,但病不能治愈,应尽早淘汰,以避免大量散布病原菌。有的虽可治愈但抵抗力下降,易再染疾病。

第二节　长毛兔健康检查

疫病的诊断是养兔业生产一个必不可少的手段，它可以及时发现疫情，及早采取有效的控制和扑灭措施，使兔群减少损失。兽医与饲养员每天要认真的观察兔群及个体饮食、排粪量、粪球形态、行动、呼吸、睡眠、口鼻腔分泌物、被毛等有无异常。如发现有异常，应及时进行体温和可视黏膜、被毛、皮肤及呼吸、脉搏等的检查。对可疑病兔进行病理学、微生物学、血清学等检验。如发现疫情，力争将疫病扑灭在初期阶段。首选要查清传染源与可能发生的疫病的途径，并立即进行检疫、隔离治疗，全面消毒。然后根据确诊的疫病，进行紧急预防接种或药物预防，尽可能在短期内控制与扑灭疫病。

一、兔的捕捉、搬运和保定

长毛兔虽然是小动物，性情温驯，但它行动敏捷，被毛光滑，又具有防御的天性，会用牙齿和爪来防卫。在诊治过程中，稍有不慎，会被兔抓伤或咬伤。兔胆小怕惊，在捕捉、搬运和保定时会挣扎，如果方法不当，对兔会造成不应有的损伤。

1. 捕捉兔的方法

疾病的诊断、治疗、剪毛，母长毛兔的发情鉴定及妊娠检查等，均需先捕捉兔。有些人捉兔习惯抓住两耳或后肢，这是错误的。抓住两耳或后肢会使兔挣扎或跳跃，损伤耳、腰、后肢，致使脑缺血或充血。对成年兔直接抓其腰部也不对，这样会损伤皮下组织或内脏，影响健康。有时会造成孕兔流产。

正确的方法如下：仔兔因其个体小，体重轻，可以直接抓其背部皮肤，或围绕胸部大把松松抓起，切不可抓握太紧；对幼兔，

164

应大把连同两耳将颈肩部皮肤一起抓住,兔体平衡,不会挣扎;对成年兔,方法同幼兔,但由于成年兔体重大,操作者需两手配合。一手捕捉,一手置于股后托住兔臀部,以支持体重。这样既不会伤害兔,也避免兔抓伤人。

2. 兔的徒手搬运

以一手大把抓住两耳和颈肩部皮肤,虎口方向与兔头方向一致,将兔头置于另一手臂与身体之间,上臂与前臂成 90°角夹住兔体,手置于兔的股后部,以支持兔的体重;搬运中应遮住兔眼,使兔既无不适感,又表现安定。

3. 保定方法

(1)徒手保定法

①方法一:一手连同两耳将颈肩部皮肤大把抓起,另一手抓住臀部皮肤和尾即可,并可使腹部向上。适用于眼、腹、乳房、四肢等疾病的诊治。

②方法二:相似于幼兔、成年兔搬运时的提兔方法,不同的是将兔的口、鼻从臂部露出。适用于口、鼻的采样。

(2)器械保定法

①包布保定:用边长1米的正方形或正三角形包布,其中一角缝上两根30～40厘米长的带子,把包布展开,将兔置包布中心,把包布折起,包裹兔体,露出兔耳及头部,最后用带子围绕兔体并打结固定。适用于耳静脉注射、经口给药或胃管灌药。

②手术台保定:将兔四肢分开,仰卧于手术台上,然后分别固定头和四肢。市售有定型的小动物手术台。适用于兔的阉割术、乳房疾病治疗及腹部手术等。

③保定筒、保定箱保定:保定筒分筒身和前套两个部分,将兔从筒身后部塞入,当兔头在筒身前部缺口处露出时,迅速抓住两耳,随即将前套推进筒身,两者合拢卡住兔颈。保定箱分箱体

和箱盖两部分,箱盖上挖有一个半圆形缺口,将兔放入箱内,拉出兔头,盖上箱盖,使兔头卡在箱外。适用于治疗头部疾病、耳静脉注射及内服药物。

二、临床症状诊断

兔病的诊断,首先要从检查病兔、收集症状着手,在检查病兔、收集症状的过程中,既要注意全面,又要掌握重点,并且还要善于发现问题,提出线索,步步深入。只有收集到的材料十分丰富和合乎实际,才能作出正确的诊断。

在检查病兔、收集症状以后,必须对所得的各种材料作综合分析。在分析时,要把症状区别为哪些是主要的,哪些是次要的,哪些是特殊的,哪些是一般的,要着重抓住那些主要症状和特殊症状。因为有些疾病的许多症状往往是随着病程的发展而逐步地表现出来,或随着病程的发展而逐步地演变。因此,在分析时,还要求对疾病的发展过程进行系统的观察,不能静止地、孤立地看待病兔表现出来的症状。

在分析症状、确定诊断之后,诊断工作并没有完毕,还要实施防治、验证诊断。判定诊断的是否正确,不是依主观上觉得如何而定,而是要应用于防治实践,看它是否能够达到预期的目的。一般说来,成功了的是正确的,失败了的就是错误的。

综上所述,从检查病兔、收集症状,分析症状,确定诊断到实施防治、验证诊断,是诊断疾病的认识过程,三者互相联系,不可分割。其中收集症状是认识疾病的基础;分析症状是暴露疾病本质,是制定正确防治措施的关键;实施防治是诊断的必由途径,绝对不可偏废。

（一）一般检查

临床检查病兔必须有一定的顺序，才不至于遗漏主要症状。临床检查通常按一般检查和系统检查的顺序进行。

一般检查主要包括外貌、可视黏膜、体温测定等，了解一般情况，得出初步印象，然后再重点深入进行分析。

1. 外貌检查

检查时应注意外形、肌肉、骨骼等是否正常。体格发育和营养良好的健康兔，外观及躯体各部匀称，肌肉发达，皮下脂肪丰满，骨骼棱角处不显露。发育和营养不良的兔，体躯矮小，瘦弱无力，骨骼显露，发育迟缓或停滞。

2. 精神状态

兔的精神状态是衡量中枢神经机能的标志。健康兔的行动、起卧都保持固有的自然姿势，动作灵活，轻快敏捷，两眼有神，稍有响动或有人接近兔笼，立即抬头，两耳竖立。如受惊恐，会用后足拍打地面，在笼中窜跑。带仔母长毛兔变得具有攻击性，若母长毛兔正在产仔会发生吃仔。健康兔白天除采食外，大部分时间处于休息，两眼半闭，呼吸动作轻微，稍有动静时，立即睁眼。当中枢神经机能受到抑制时，会出现精神沉郁，反应迟钝，头低耳垂，眼闭呆立，有的出现跛足或异常姿势。总之，过度兴奋或抑制，都可出现异常反应。

3. 被毛健康

健康兔被毛平顺浓密，有光泽而富弹性。除了换毛季节，如被毛粗糙蓬乱，稀疏，暗淡无光，污浊，则均是营养不良或患病的表现，如腹泻病、寄生虫病、慢性消耗性疾病等。如被毛脱落，并呈灰色麸皮样结痂，可能患毛癣病或疥癣病。兔颌下、胸部、前爪被毛湿润则可能患溃疡性齿龈炎、齿病、传染性水疱性口炎、发霉饲料中毒、有机磷农药中毒、大肠杆菌病、坏死杆菌病等。

4. 皮肤

皮肤致密结实而富有弹性是健康兔的表现,检查时应查看皮肤颜色及完整性。并用手触摸身体各部位有无脓肿,光滑与否。鼻端、两耳背及边缘、爪等处被毛脱落,并有麸皮样的结痂物,可能患疥螨病。腹部、背部或其他部位皮肤凸出表现即脓肿,可能患葡萄球菌病。母长毛兔乳头周围皮肤呈暗紫色或有脓肿,可能患乳房炎。如公长毛兔睾丸皮肤有糠麸样皮屑,肛门周围及外生殖器官的皮肤有结痂,可能患梅毒。如阴囊水肿、包皮、尿道、阴囊出现丘疹,则可疑为兔痘。母长毛兔流产,并从阴道内流出红褐色的分泌物,则疑为李氏杆菌病。口腔、下颌部和胸前部皮肤坏死并有恶臭,可能患坏死杆菌病。另外注意有无外伤。

5. 眼睛

健康兔的眼睛圆而明亮,活泼有神,眼角干净无脓性分泌物。如眼睛呆滞,似张非张,反应迟钝,则为患病或衰老的象征。如眼睛流泪或有黏液、脓性分泌物,精神萎靡,可能患慢性巴氏杆菌病、结膜炎。如果兔子眼睛长得像牛的眼睛那样圆睁而凸出,则为"牛眼"畸形,应淘汰。

6. 耳

正常耳朵应直立且转动灵活。如下垂则可能因抓兔方法不当或受外伤、冻伤所致。耳壳内应清洁,耳尖耳背无结痂,如耳内有结痂则可能患痒螨或中耳炎。健康的白色兔耳色粉红。如用手握住感觉过热,耳呈红色,则为发热;用手握住感觉发凉,耳色青紫,则可能患有重病。

7. 可视黏膜检查

可视黏膜包括眼结膜和口腔、鼻腔、阴道的黏膜。黏膜具有丰富的微血管,根据颜色的变化,大体可以推断血液循环状态和血液成分的变化。临床上主要检查眼结膜,检查时一手固定头部,另一手以拇指和食指拨开下眼睑即可观察。正常的结膜颜色为粉红色。眼结膜颜色的病理变化常见的有以下几种:

(1)结膜苍白:是贫血的征象。急速苍白见于大失血,肝、脾等内脏器官破裂;逐渐苍白见于慢性消耗性疾病,如消化障碍性疾病、寄生虫病、慢性传染病等。

(2)结膜潮红:结膜潮红是充血的表现。弥漫性充血(潮红)见于眼病、胃肠炎及各种急性传染病;血管高度扩张,呈树枝状,常见于脑炎、中暑及伴有血液循环严重障碍的心脏病。

(3)结膜黄染:是血液中胆红素含量增多的表现,见于肝脏疾患、胆道阻塞、溶血性疾病及钩端螺旋体病等。

(4)结膜发绀:是血液中还原血红蛋白增多的结果,见于伴有心、肺机能严重障碍,导致组织缺氧的病程中,如肺充血、心力衰竭及中毒病等。

(5)结膜出血:有点状出血和斑片状出血,是血管通透性增高所致,见于某些传染病等。

另外要检查眼结膜的分泌物(眼屎),凡有分泌物(眼屎)者,一般是有病的表现。

8. 淋巴结检查

健康兔体表淋巴结甚小,触诊不易摸到。如果能够摸到颌下淋巴结、肩前淋巴结、股前淋巴结等,表明淋巴结发炎、肿胀,应进一步查明原因。

9. 体温测定

对兔体温测定,是临床检查的主要项目之一。因借助体温变化,有助于推测和判定疾病的性质。若出现高热时,多属急性全身性疾病;无热或微热多为普通病;大失血或中毒以及濒死前的衰竭,往往体温低于常温,预后不良。有经验的人用手触摸兔的耳根或胸部,能基本断定是否发热,当然不如体温表测温准确。体温测定一般采用肛门测温法,测温时,用左臂夹住兔体,左手提起尾巴,右手将体温表插入肛门,深度3.5~5厘米,保持3~5分钟。兔的正常体温为38.5~39.5℃。

10. 脉搏数测定

兔多在大腿内侧近端的股动脉上检查脉搏,也可直接触摸心脏部位,计数0.5~1分钟,算出1分钟的脉搏数。健康兔脉搏数为每分钟120~150次。热性病、传染病或疼痛时,脉搏数增加。黄疸、慢性脑水肿、濒死期可出现脉搏减慢。检查脉搏应在兔安静状态下进行。

11. 呼吸

兔在笼内或地上蹲伏处于安静状态时,腹肋部每起伏一次即为呼吸一次。健康兔的呼吸次数每分钟为40~50次,老龄兔呼吸次数比壮龄兔呼吸次数稍少。夏天兔怕热,呼吸次数增加,呼吸急促。患某些中毒病、急性传染病、支气管炎、肺炎、感冒等疾病时,呼吸困难,次数增多。

影响呼吸数发生变动的因素有年龄、性别、品种、营养、运动、妊娠、胃肠充盈程度、外界气温等,在判定呼吸数是否增加和减少时,应排除上述因素的干扰。

(二)系统检查

一般检查完毕,接着就是进行系统检查。在一只或一群病兔上,可能同时出现许多病症,在进行系统检查时,不要主次不辨,否则会拖延诊断时间,同时可能抓不住疾病的本质而造成错误的诊断。应当根据一般检查的印象,找出系统检查的重点。

1. 消化系统检查

消化器官的发病率，不论在大兔还是幼仔兔群中都是比较高的。此外，许多传染病、寄生虫病以及中毒等，也都在消化器官表现明显的变化。因此，消化系统的检查有着特别重要的意义。

(1)食欲和饮水：健康兔食欲旺盛，而且采食速度快。对于经常吃的饲料，一般先嗅闻以后，便立即放口采食，15～30分钟即可将定量饲料吃光。食欲改变主要有食欲减退、食欲废绝、食欲不定(时好时坏)、食欲异常(异嗜)。吃食减少，是病兔首先表现出来的重要症状之一，特别是胃肠道各种疾病均有食欲不振的表现；吃食不定，多为慢性消化器官疾病；一点不吃见于各种严重的疾病。从一点儿不吃转为开始吃一点儿，表示疾病有所好转。如果病兔吃食从减少转为不吃，则表示病势在加重；有时可在缺乏微量元素或维生素时发生兔食欲反常(异嗜)，舔食粪、尿、被毛或母长毛兔吞食仔兔，发生严重腹泻而引起脱水，若见由少量缺水而至不饮水，一般预后不良，如在疾病过程中饮水逐渐恢复，则为疾病的好转现象。

兔的饮水也有一定的规律，炎热天气饮水多。饮水增加见于热性病、腹泻等，饮水减少见于腹痛、消化不良等。

(2)口腔检查：检查时用木棒或开口器把兔嘴张开，检查口腔黏膜是否正常，有无流涎现象，唇及口腔内有无水疱。口腔内有出血点或溃疡常见于传染性口炎。

(3)腹部检查：兔腹部检查主要靠视诊和触诊。视诊主要观察腹部形态和腹围大小，若腹部容积增大，见于怀孕、积气、积食和积液。积食多在胃内；积气是腹部上方膨大，腹壁紧张，叩诊发出鼓音；积液的特征是腹部两侧下方膨大，触诊有波动；腹部局限性隆凸，见于腹壁水肿或脓肿；若腹部容积缩小，体质衰弱，主要由于营养不良及慢性下痢等原因造成;发生腹膜炎时,触诊病兔因痛感而用力挣扎;当便秘或胃肠内有异物(毛球)时,于腹部可以摸到硬固的粪块或异物。

(4)粪便检查:检查时,注意排便次数、间隔时间、粪便形状、粪量、颜色、气味、是否混杂异物等。健康兔的粪便为球形,大小均匀,表面光滑,呈茶褐色或黄褐色,无黏液或其他杂物。病兔的粪便稀、软、不成形、大小不一、粪球一头尖、酸臭、带黏液或带血等。

2. 呼吸系统检查

呼吸器官疾病,除导致生产力降低外还常常引起兔死亡,所以呼吸系统检查也是十分重要的。

健康兔鼻孔干燥,周围被毛洁净,呼吸有规律,用力均匀平稳。兔的呼吸次数在安静状态下为每分钟 40～50 次。健康兔的呼吸方式是胸腹式的,即当呼吸时,胸部和腹部都有明显的起伏动作。当腹部有病,如腹膜炎时,常会出现以胸部动作为主的胸式呼吸;当胸部有病时,如胸膜炎,又常会出现腹部动作为主的腹式呼吸。当兔出现慢性鼻炎时,可引起上呼吸道狭窄而出现吸气性困难。当患肺气肿时,可见呼气性困难。当患胸膜炎时,吸气和呼气都会发生困难,叫做混合性呼吸困难。如果胸部一侧患病,如肋骨骨折时,患侧的胸部起伏运动就会显著减弱或停止,而造成呼吸不匀称。

(1)呼吸式检查:健康兔呈胸腹式(混合式)呼吸,即呼吸时,胸壁和腹壁的运动协调,强度一致。出现胸式呼吸时,即胸壁运动比腹壁明显,表明病变在腹部,如腹膜炎。出现腹式呼吸时,即腹壁运动明显,表明病变在胸部,如胸膜炎、肋骨骨折等。

(2)呼吸困难检查:健康兔在安静状态下,呼吸运动协调、平稳具有节律性。当出现呼吸运动加强,呼吸次数改变和呼吸节

律失常时,即为呼吸困难,是呼吸系统疾病的主要症状之一。临床上主要有以下三种表现形式:

①吸气性呼吸困难:以吸气用力、吸气时间明显延长为特征,常见于上呼吸道(鼻腔、咽、喉和气管)狭窄的疾病。

②呼气性呼吸困难:以呼气用力、呼气时间显著延长为特征,常见于慢性肺泡气肿及细支气管炎等。

③混合性呼吸困难:即吸气和呼气均发生困难,而且伴有呼吸次数增加,是临床上最常见的一种呼吸困难。这是由于肺呼吸面积减少,血中二氧化碳浓度增高和氧缺乏所引起,见于肺炎、胸腔积液、气胸等。心源性、血源性、中毒性和腹压增高等因素,也可引起混合性呼吸困难。

(3)咳嗽检查:健康兔偶尔咳一两声,借以排除呼吸道内的分泌物和异物,是一种保护性反应。如出现频繁或连续性的咳嗽,则是一种病态,病变多在上呼吸道,如喉炎、气管炎等。

(4)鼻液检查:健康兔鼻孔清洁、干燥。当发现鼻孔周围有泥土粘着,说明鼻液分泌增加。应对它的表现、鼻液性状做进一步的检查。如鼻液增加,并伴有痰痒感,用两前肢搔抓鼻部或在周围物体上摩擦并打喷嚏,提示为鼻道的炎症;如鼻液中混有新鲜血液、血丝或血凝块时,多为鼻黏膜损伤;如鼻液污秽不洁,且有恶臭味,可能为坏疽性肺炎,这时可配合鼻液的弹力纤维检查。检查方法是取鼻液少许,加等量的 10%氢氧化钠溶液,在酒精灯上加热煮沸使之变成均匀一致的溶液后,加 5 倍蒸馏水混合,离心沉淀 5～10 分钟,倾去上清液,取沉淀物 1 滴置于载玻片上,盖上盖玻片,进行显微镜检查。弹力纤维细长弯曲如毛发状,具有较强的折光力。如发现有弹力纤维,则为坏疽性肺炎。

(5)胸部检查:当兔出现呼气性困难或混合性呼吸困难,更应注意胸肺部的检查,首先应对胸廓的形状和肋骨起伏状态进行全面的观察。胸廓的畸形或肋骨的损伤等都可以破坏正常的呼吸机能,其次要对胸部异常变化进行触诊,要注意胸部的温度,有无肿胀,是否疼痛等情况。

3. 泌尿生殖系统检查

(1)尿液检查:是诊断泌尿器官的有效方法,正常尿液为淡黄色,外观稍混浊,一旦出现异常就要考虑是否泌尿系统出现疾患。如频频排少量的尿,这是膀胱及尿道黏膜受到刺激的结果,见于膀胱炎及阴道炎。在急性肾炎、下痢、热性病或饮水减少时,则排尿次数减少。有时给某些药物也能影响尿色,如口服黄连素或呋喃唑酮后尿就为黄色。

(2)生殖器检查:公长毛兔检查睾丸、阴茎及包皮;母长毛兔检查外阴部分。如果发现外生殖器的皮肤和黏膜发生水疱性炎症,结节和粉红色溃疡,则可疑为密螺旋体病;患李氏杆菌病时可见母长毛兔流产,并从阴道内流出红褐色的分泌物;患葡萄球菌病时也可致外生殖器炎症;患巴氏杆菌病时,也会有生殖器官感染。

4. 血液循环系统的检查

血液循环系统是营养代谢器官,与生命活动关系密切。心脏的听诊可在左侧肘头上方胸壁2~4肋间。按心音频率、强度、性质、有无杂音来判断心脏功能和血液循环状态,可帮助疾病诊断与推测预后。脉搏的次数、节律、强弱、性质也可帮助判定疾病性质。

5. 神经系统的检查

通过观察兔神经机能状态异常变化,即判断各种疾病对神经系统有某种程度的影响,主要检查精神状态和运动机能。

(1)精神状态的检查:兔中枢神经系统机能扰乱,会使兴奋与抑制的动态平衡遭到破坏,表现兴奋不安或沉郁、昏迷。兴奋表现为狂躁、不安、惊恐、蹦跳或作圆圈运动,偏颈痉挛。如中耳炎(斜颈)、急性病毒性出血症(兔瘟)、中毒病、寄生虫病等,都可以出现神经症状。精神抑制是指兔对外界刺激的反应性减弱或消失,按其表现程度不同分为沉郁(眼半闭,反应迟钝,见于传染病、中毒病或中瘫)、昏睡(陷入睡眠状态、躺卧)和昏迷(卧地不起,角膜与瞳孔反射消失,肢体松弛,呼吸、心跳节律不齐,见于严重中毒濒死期)等。

(2)运动机能检查:健康兔应经常保持运动的协调性。一旦中枢神经受损,即可出现共济失调(见于小脑疾病),运动麻痹(见于脊髓损伤造成的截瘫或偏瘫)、痉挛(肌肉不能随意收缩,见于中毒)。

三、检查后的处理

根据检查结果,把病兔、可疑病兔等组成单独的兔群,区别对待,以便把传染病控制在最小范围内,扑灭在最初阶段。

1. 病兔

在彻底消毒的情况下,把有明显临床症状的病兔单独或集中隔离观察,由专人饲养并进行有效治疗,管理人员要严加护理和观察。隔离场地门口要设立消毒池,若观察仅有少数病兔,可捕杀。

2. 可疑病兔

症状不明显,但与病兔有接触或者是环境受污染,也可能有潜伏期,怕有排毒(菌)的可能,应在另地观察,限制其活动,尽量想办法进行预防治疗。观察1~2周后,未见发病,可取消限制。

3. 假定健康兔

包括一切正常的兔,因其附近有病兔出现,仍应认真做好消毒工作。

对病情不清、诊断不明的病兔,必须及时送往条件较好的兽医站、化验室进行诊断,尽快验明原因,采取相应措施。

四、病理解剖诊断

许多疾病仅靠外部的表现很难做出确切的诊断,必须对尸体进行解剖,根据剖检特点,结合临床症状,对疾病做出正确诊断。

(一)病理诊断流程

1. 剖检前的准备

进行尸体剖检,尤其是剖检传染病尸体时,剖检者既要注意防止病原的扩散,又要预防自身的感染。

(1)剖检场所的选择:为了便于消毒和防止病原的扩散,一般以在室内进行剖检为好,如条件不许可,也可在室外进行。在室外剖检时,要选择离兔舍较远,地势较高而又干燥的偏僻地点。并挖深达1.5米左右的土坑,待剖检完毕将尸体和被污染的垫物及场地的表面土层等一起投入坑内,再撒些生石灰或喷洒消毒液,然后用土掩埋,坑旁的地面也应注意消毒。也可进行焚烧处理。

(2)剖检人员的防护:可根据条件穿着工作服,戴橡皮手套、穿胶靴等,条件不具备时,可在手臂上涂上凡士林或其他油类,以防感染。

剖检传染病的尸体后,应将器械、衣物等用消毒液充分消毒,再用清水洗净,胶皮手套消毒后,要用清水冲洗、擦干、撒上滑石粉。金属器械消毒后要擦干,以免生锈。

(3)剖检器械和药品的准备

①剖检器械:解剖刀、镊子、剪刀、骨钳等。

②消毒液：剖检时常用的消毒液有 0.1％新洁尔灭溶液或 3％来苏儿溶液。常用的固定液（固定病变组织用）是 10％甲醛溶液或 95％的酒精。此外，为了预防人员的受伤感染，还应准备 3％碘酊、2％硼酸水、70％酒精和棉花、纱布等。

（4）剖检记录：尸体剖检的记录，是死亡报告的主要依据，也是进行综合分析研究的原始材料。记录的内容力求完整详细，要能如实的反映尸体的各种病理变化，因此，记录最好在检查病变过程中进行，不具备条件时，可在剖检结束后及时补记。对病变的形态、位置、性质变化等，要客观地用描述的语言加以说明，切不要用诊断术语或名词来代替。

在进行尸体剖检时应特别注意尸体的消毒和无菌操作，以便对特殊的病例可以采取病料送实验室诊断。

2. 外部检查

在剥皮之前检查尸体的外表状态。检查内容包括性别、年龄、毛色、特征、体态、营养状况以及被毛、皮肤、天然孔、可视黏膜等（参照上面检查方法），注意有无异常，同时注意尸体变化（尸冷、尸僵、有无腐败等），以判定死亡的时间、体位。若体表脱毛、结痂提示疥螨病、皮肤毛癣菌；体毛污染提示由球虫病、大肠杆菌病、魏氏梭菌病等引起的拉稀。

3. 剖检方法

剖检时，将兔尸仰卧，腹部向上，置于搪瓷盘内或解剖台上，四脚分开固定，腹部用消毒药消毒。沿腹中线，上起下颌部，下至耻骨缝处切开皮肤，再沿中线切口向每条腿切开，然后分离皮肤。检查皮下有无出血，水肿及病变。沿腹白线切开腹壁，用镊子挑起腹肌防止刺破肠管。检查腹水的颜色、多少和清浊度。打开腹腔后，依次检查腹膜、肝、胆囊、胃、脾脏、肠道、胰、肠系膜、淋巴结、肾脏、膀胱和生殖器官。用骨剪剪断两侧肋骨、胸骨,拿掉前胸廓,使胸腔暴露后,依次检查心、肺、胸膜、上呼吸道及肋骨。必要时,打开口腔、鼻腔及脑作检查。

4. 检查内容及提示相应疾病

(1)皮下检查:主要检查皮下有无出血、水肿、炎性渗出、化脓、坏死、色泽等。

①皮下出血提示兔病毒性出血症;皮下组织出血性浆液性浸润提示兔链球菌病;皮下水肿,可提示黏液瘤病;颈前淋巴结肿大或水肿提示李氏杆菌病。

②皮下化脓病灶提示葡萄球菌病、兔痘、多杀性巴氏杆菌病;乳房和腹部皮下结缔组织化脓,脓汁乳白色或淡黄色油状,则提示化脓性乳房炎。

③皮下脂肪、肌肉及黏膜黄染提示肝片吸虫病。

(2)上呼吸道检查主要查鼻腔、喉头黏膜及气管环间是否有炎性分泌物、充血和出血。

①鼻腔内有白色黏稠的分泌物提示巴氏杆菌病、波氏杆菌病等;鼻腔出血提示中毒、中暑、兔病毒性出血症等。

②鼻腔流浆液性或脓性分泌物则提示巴氏杆菌病、波氏杆菌病、李氏杆菌病、兔痘、绿脓杆菌病等。

③喉头、气管黏膜出血,呈现出血环,腔内积有血样泡沫提示兔病毒性出血症。

④喉炎、支气管炎、斑疹则提示兔痘。

(3)胸腔脏器检查:主要查胸腔积液、色泽、胸膜,肺、心包、心肌是否充血、出血、变性、坏死灶等。

①胸膜与肺、心包粘连、化脓或纤维性渗出提示巴氏杆菌病、葡萄球菌病、波氏杆菌病。

②肺呈暗红或紫色,肿大,粟粒大小出血点,质柔韧,切面暗红色提示兔病毒性出血症。

③肺炎则提示巴氏杆菌病、葡萄球菌病、波氏杆菌病。纤维性化脓性肺炎提示巴氏杆菌、葡萄球菌病。肺表面光滑、水肿，有暗红色实变区，切开有液体流出，有大小不等脓灶，乳白色黏稠脓汁，则提示波氏杆菌病。

④肺充血肿大，片状实变区提示野兔热；肺淡褐色至灰色坚实结节，具干酪样中心和纤维组织包囊提示兔结核病。

⑤胸腔内充满脓胞，提示兔巴氏杆菌、波氏杆菌、葡萄球菌病等；浆液或纤维素性渗出提示沙门氏菌病；胸腔内积有血样液体提示绿脓杆菌病。

⑥心包积液、心肌出血提示巴氏杆菌病；心包液呈血样液体提示兔绿脓杆菌病、魏氏梭菌病等；心包液呈棕褐色，心外膜有纤维素渗出提示葡萄球菌病、巴氏杆菌病。

⑦心脏血管怒张，呈树枝状提示魏氏梭菌病；心肌暗红，外膜有出血点，心脏扩张，内充满多量血块，心室菲薄、质软提示兔病毒性出血症；心肌有小坏死灶提示大肠杆菌病；心包炎提示坏死杆菌病；心肌有白色条纹，提示泰泽氏病；心包淡褐色至灰色，坚实结节，具干酪样中心和纤维组织包裹，提示结核病。

（4）腹腔脏器检查：主要检查腹水、纤维素性渗出、寄生虫结节，脏器色泽、质地和是否肿胀、充血、出血、化脓灶、坏死、粘连等。

①腹腔：腹水透明、增多提示肝球虫病；积有血样液体提示兔绿脓杆菌病；腹腔有纤维素或浆液性渗出提示兔葡萄球虫病、巴氏杆菌病、沙门氏杆菌病；葡萄状透明囊附着于脏器或游离于腹腔的为豆状囊尾蚴病。

②肝脏：表面有灰白色淡黄色结节，当结节为针尖大小时提示沙门氏菌病、巴氏杆菌病、野兔热等；当结节为绿豆大时则提示肝球虫病。肝肿大，硬化，胆管扩张提示肝球虫病，肝片吸虫

病；肝质脆，实质是淡黄色，细胞间质增宽提示病毒性出血症；肝实质内有蛋黄色条纹状可能患豆状囊尾蚴或肝毛细线虫病；切开肝组织可见白色虫体则为肝毛细线虫病。

③胆囊：上有小结节提示兔痘；若扩张、黏膜水肿提示大肠杆菌病。

④脾：兔脾脏呈暗红色，长镰刀状，位于胃大弯处，有系膜相连，使其紧贴胃壁，是兔体内最大的淋巴器官。同时，脾脏也是个造血器官。脾与胃相接面为脏侧面，上有神经、血管及淋巴管的经路，称为脾门。脾脏相当于血液循环中的一个滤器，没有输入的淋巴管。当感染病毒性出血症（兔瘟）时脾呈紫色，肿大。若感染伪结核病，常可见脾脏肿大5倍以上，呈紫红色，有芝麻绿豆大的灰白色结节。

⑤肾：兔的肾脏是卵圆形，右肾在前，左肾在后，位于腹腔顶部及腰椎横突直下方。在正常情况下由脂肪包裹，呈深褐色，表面光滑。有病变的肾脏可见表面粗糙、肿大，颜色有白、红点状出血或弥漫性出血等。

⑥胃：兔是单胃，前接食道，后连十二指肠，横于腹腔前方，位于肝脏下方，为一蚕豆形的囊。与食道相连处为贲门，入十二指肠处为幽门。凸出部为胃大弯，凹入部为胃小弯，外有大网膜。胃黏膜分泌物为胃液。兔胃液的酸度较高，消化力很强，主要成分为盐酸和胃蛋白酶。健康兔的胃经常充满食物，偶尔也可见到粪球或毛球。粪球是由于兔吃进自己的粪便所致，毛球是由于吃进自身或其他兔子的兔毛所致。前者是一种正常现象，后者是一种病理现象。如胃浆膜、黏膜呈充血、出血，可能是巴氏杆菌病。如胃内有多量食物、黏膜、浆膜多处有出血和溃疡斑，又常因胃内容物太充满而造成胃破裂为魏氏梭菌下痢病。

⑦肠道：与其他动物相同，分小肠和大肠两部分。兔的小肠

由十二指肠、空肠、回肠组成。十二指肠为"U"字形弯曲,较长,肠壁较厚,有总胆管和胰腺管的开口。空肠和回肠由肠系膜悬吊于腹腔的左上部,肠壁较薄,入盲肠处的肠壁膨大成一厚圆囊,外观为灰白色,约有拇指大,为兔特有的淋巴组织,称圆小囊。大肠由盲肠、结肠和直肠组成。兔的盲肠特别发达,为卷曲的锥形体。盲肠基部粗大,向尖端方向缓缓变细,内壁有螺旋形的皱褶瓣,是兔盲肠所特有的。盲肠的末端形成一细长腔,壁肥厚,色灰白,称为蚓突。蚓突壁内有丰富的淋巴滤泡。结肠有两条相对应的纵横肌带和两列肠袋。其肠内容物在结肠内通过缓慢,可以充分消化。梭状部把结肠分为近盲肠与远盲肠,结肠的这种结构可能与兔排泄软硬两种不同的粪便有关。结肠与盲肠盘曲于腹腔的右下部,于盆腔处移行为较短的直肠,最后开口即为肛门。

兔发生腹泻病时,肠道有明显的变化,如发生魏氏梭菌下痢病时,盲肠肿大,肠壁松弛,浆膜多处有鲜红出血斑,黏膜有出血点或条状出血斑,大多数病例内容物呈黑色或褐色水样粪便,并常有气体。若患大肠杆菌下痢病时,小肠肿大,充满半透明胶样液体,并伴有气泡,盲肠内粪便呈糊状,也有的兔肠道内粪便像大白鼠粪便,外面包有白色黏液,盲肠的浆膜和黏膜充血,严重者会出血。

⑧膀胱:是暂时贮存尿液的器官,无尿时为肉质袋状,在盆腔内;当充盈尿液时可突出于腹腔。兔每日尿量随饲料种类和饮水量不同而有变化。幼兔尿液较清,随生长和采食青饲料和谷粒饲料后则变为棕黄色或乳浊状,并有以磷酸铵镁和碳酸钙为主的沉淀。兔患病时常见有膀胱积尿,如球虫病,魏氏梭菌病等。

⑨卵巢:母长毛兔的卵巢位于肾脏后方,小如米粒,常有小

的泡状结构,内含发育的卵子。子宫一般与体壁颜色相似。若子宫扩大且含有白色黏液则表明可能感染了沙门氏杆菌病或巴氏杆菌病或李氏杆菌病等。公长毛兔生殖器也应注意检查。

(5)脑:脑膜、脊髓膜出腔室脉络丛血管明显扩张充血提示兔病毒性出血症。

(6)脓汁:若脓汁呈现乳白色提示兔巴氏杆菌病、波氏杆菌病、葡萄球菌病、沙门氏菌病;若脓汁有恶臭气提示坏死杆菌病;脓汁呈绿色且有特殊气味提示绿脓杆菌病。

(二)病料采集、保存

1. 病料采取

有条件作实验室检查的可自己进行检查,没有条件的可送到当地的动物检疫部门进行检疫(如畜牧部门、防疫部门等)。

(1)怀疑某种传染病时,则采取该病常侵害的部位。

(2)提不出怀疑对象时,则可将整兔送检。

(3)败血性传染病,如兔巴氏杆菌病、兔瘟等,可以采取心、肝、脾、肾、肺、淋巴结及胃肠等组织。

(4)专嗜性传染病或侵害某种器官为主的传染病,则采取该病侵害的主要器官组织,如兔结核病采取病变结节,兔魏氏梭菌性肠炎采取肠管及肠内容物,有神经症状的传染病采取脑、脊髓等。

(5)检查血清抗体时,则采取血液,待凝固析出血清后,分离血清,装入灭菌的小瓶送检。

2. 病料保存

采取病料后要及时进行检验,如不能及时进行检验,或须要送往外地检验时,应尽量使病料保持新鲜,以便获得正确结果。

(1)细菌检验材料的保存:将采取的组织块,保存于饱和盐水(蒸馏水 100 毫升,加入氯化钠 39 克,充分搅拌溶解后,用 3～4 层纱布过滤,滤液装瓶高压灭菌后备用)或 30％甘油缓冲液(化学纯甘油 30 毫升,氯化钠 0.5 克,碱性磷酸钠 1 克,蒸馏水加至 100 毫升,混合后高压灭菌备用)中,容器加塞封固。

(2)病毒检验材料的保存:将采取的组织块保存于 50％甘油生理盐水(中性甘油 500 毫升,氯化钠 8.5 克,蒸馏水 500 毫升,混合后分装,高压灭菌后备用)或鸡蛋生理盐水(先将新鲜鸡蛋表面用碘酒消毒,然后打开,将内容物倾入灭菌的容器内,按全蛋 9 份加入灭菌生理盐水 1 份,摇匀后用纱布滤过,然后加热至 56℃,持续 30 分钟,第二天和第三天各按上法加热 1 次,冷却后即可使用)中,容器加塞封固。

(3)病理组织学检验材料的保存:将采取的组织块放入 10％的福尔马林溶液或 95％的酒精中固定,固定液的用量应是标本体积的 10 倍以上。如加 10％福尔马林固定,应在 24 小时后换新鲜溶液 1 次。严冬季节可将组织块(已固定的)存在甘油和 10％福尔马林等量混合液中,以防组织块冻结。

3. 病料送检

(1)装病料的容器上要写明编号,附上病料详细记录和送检单。

(2)送检病料应按要求包装,如微生物检验材料怕热,应用水瓶冷藏包装。病理材料怕冻应放入保存液包装后送检等。

(3)病料经包装装箱后,要尽快送到检验单位,最好派专人送去。

(4)注意事项

①采取病料要及时,一般应在死后立即进行,最迟不超过 3 个小时。如时间过长,特别是夏天,组织变性和腐败不仅影响病原体的检出,也影响病理组织学检验的正确性。

②应选择症状和病变典型的病例,最好能同时选择几种不同病程的病料。

③采取病料的兔应是未经抗菌药或杀虫药物治疗的,否则会影响微生物和寄生虫的检出结果。

④剖检取病料之前,应先对病情、病史加以了解和记录,并详细进行剖检前的检查。

⑤病料应以无菌操作采取。为减少污染,一般先采取微生物学检验材料,然后结合病理剖检采取病理检验材料。

⑥病料应放入装有冰块的保温瓶内送检,如无冰块,可在保温瓶内放入氯化铵 450～500 克,加水 1500 毫升,上层放病料,能使保温瓶内保持 0℃达 24 小时。

第三节　兔的给药方法

1. 兽用药物的剂量

药物剂量指给药时对机体产生一定反应的药量,通常指防治疾病用量,因为药物要一定剂量被机体吸收后才能达到一定药物浓度,只有达到一定药物浓度才能出现药物作用。如果剂量过小体内不能获得有效浓度,药物就不能发挥其效用。但如果剂量过大,超过一定限度,药物作用可出现质变,对机体可能产生不同程度毒性。因此要发挥药物作用同时又要避免其不良反应,就必须严格掌握用药剂量范围。

(1)剂量

①最小效量:药物开始出现药效的剂量。

②极量:指安全用药极限剂量。

③治疗量(常用量):指临床常用剂量范围,它比最小效量要高,又比药物极限量要低。

④最小中毒量:指药物已超过极量使机体开始出现中毒的剂量。

⑤中毒量:指大于最小中毒量使机体中毒剂量。

⑥致死量:引起机体死亡剂量。

⑦药物安全范围:药物安全范围指最小效量与极量之间的范围,安全范围广药物其安全性大,安全范围窄药物其安全性小。

(2)药物剂量表示

①剂量计量单位

克(g)或毫克(mg):固体、半固体剂型,药物常用单位。1000克=1千克,1000毫克=1克。

毫升(ml):液体剂型,药物常用单位。1000毫升=1升。

单位(U)、国际单位(IU):某些抗生素、激素和维生素常用剂量单位。

②治疗剂量:治疗剂量包括一次量(即一次用量)、一日量(即一日内应用数次总用量)及一个治疗疗程治疗量(即持续数日、数周总用量)。

一般书籍、资料中治疗剂量多记载一次量,而一日量及一个疗程量如果没记载就必须根据药物特性、畜体特点(如日龄、品种、性别等)、机体对药物敏感程度及疾病严重程度等才能确定合理方案。

2. 用药方法

药物的性质不同,也需要不同的给药途径,如油类制剂不能静脉内注射,氯化钙等强刺激剂只能静脉注射,而不能肌内注射,否则会引起局部发炎坏死。所以,临床工作中应根据病情的需要、药物的性质、动物的大小等选择适当的给药途径。

(1)内服给药:此法操作简单,使用方便,适用于多种药物,尤其是治疗消化道疾病。缺点是药物易受胃、肠内环境的影响，药量不易掌握，显效慢，吸收不完全。

①自行采食法：适用于毒性小、无不良气味的药物，兔尚有食欲，多用于大群预防性给药或驱虫。依药物的稳定性和可溶性，按一定比例拌入饲料或饮水中，任兔自行采食或饮用。大群用药前，应先做小批的毒性及药效试验。

②投服法：适用于药量小、有异味的片（丸）剂药物，或者已废食的病兔。由助手保定病兔，操作者一手固定兔头部并捏住兔面颊使口张开，用弯头止血钳、镊子或筷子夹取药片（丸），送入会厌部，使兔吞下。

③灌服法：适用于有异味的药物或已废食的病兔。把药碾细加少量水调匀，用汤匙倒执（以柄代勺插入口角）或用注射器、滴管吸取药液从口角徐徐灌入。注意不要误灌入气管内，造成异物性肺炎。

④胃管投药：对一些有异味、毒性较大的药物或已废食的兔可采用此法。助手保定兔，固定好头部，投药者用开口器（木或竹制，长10厘米，宽1.8～2.2厘米，厚0.5厘米，正中开一个比胃管稍大的小圆孔）将兔嘴张开，将橡胶管、塑料管或人用导尿管作为胃管，涂上润滑油或肥皂，将胃管穿过开口器上圆孔，沿上腭后壁徐徐送入食道，连接漏斗或注射器即可投药。成年兔由口到胃深约20厘米。切不可将药投入肺内，当胃管抵达会厌部时，兔有吞咽动作，趁其吞咽时送下胃管。插入正确时，胃管吹得动、吸得住；误插入气管时，患兔咳嗽，胃管吹得动，而吸不住，胃管外端浸入盛水杯中出现气泡。投药完毕，徐徐拔出胃管，取下开口器。

（2）直肠给药：当发生便秘、毛球病等疾病时，有时内服给药效果不好，可采用直肠内灌注法。将兔侧卧保定，后躯稍高，用涂有润滑油的橡胶管或塑料管，经肛门插入直肠 8～10 厘米深，然后用注射器注入药液(药液应加热至接近体温)，捏住肛门，停留 5～10 分钟，然后放开，让其自由排便。

(3)注射给药：注射给药法吸收快、奏效快、药量准、安全、节省药物，但须注意药物质量及严格消毒。

①皮下注射：选在颈部、肩前、腋下、股内侧或腹下皮肤薄、松弛、易移动的部位。局部剪毛，用 70%酒精棉球或 2%碘酊棉球消毒，左手拇指、食指和中指捏起皮肤呈三角形，右手如执笔状持注射器，于三角形基部垂直于皮肤迅速刺入针头，放开皮肤，回抽活塞，不见回血后注药。注射完毕拔出针头，用酒精棉球压迫针孔片刻，防止药液流出。注射正确时可见局部鼓起。皮下注射主要用于防疫注射。

②皮内注射：通常在腰部和肷部。局部剪毛消毒后，将皮肤展平，针头与皮肤成 30°角刺入真皮，缓慢注射药液。注射完毕，拔出针头，用酒精棉球轻轻压迫针孔，以免药液外溢。注意每点注射药量不应超过 0.5 毫升。推药时感到阻力很大，在注药部出现一小丘疹状隆起为正确。皮内注射多用于过敏试验、诊断等。

③肌内注射：选在肌肉丰满处，通常在臀肌和大腿部。局部剪毛消毒后，针头垂直于皮肤迅速刺入一定深度，回抽活塞无回血后，缓缓注药。注意针头不要损伤大的血管、神经和骨骼。肌内注射适用于多种药物，油剂、混悬液、水剂均可用此法。但强刺激剂，如氯化钙等不能肌内注射。

④静脉内注射：多取耳外缘静脉，由助手保定兔，确实固定头部。剪毛消毒术部(毛短者可不剪毛)，左手拇指与无名指及小指相对，捏住耳尖部，以食指和中指夹住并压迫静脉向心侧，使其充血怒张。静脉不明显时，可用手指弹击耳壳数下，或用酒

精棉球反复涂擦刺激静脉处皮肤。针头以15°角刺入血管，而后使针头与血管平行向血管内送入适当深度，回抽活塞见血，推药无阻力，皮肤不隆起，为刺针正确，尔后缓慢注药。注射完毕拔出针头，以酒精棉球压迫片刻，防止出血。

第一次刺针应先从耳尖部开始，以免影响以后刺针。要排净注射器内空气，以免引起血管栓塞，造成死亡。注射钙剂要缓慢。药量多时要加温。静脉注射多用于补液。油类药物不能静脉注射。

⑤腹腔内注射：选在脐后部腹底壁，偏腹中线左侧3厘米。剪毛消毒后，使兔后躯抬高，对着脊柱方向刺针，回抽活塞，如无气体、液体及血液后注药。刺针不应过深，以免损伤内脏。如怀疑有肝、肾或脾肿大时，要特别小心。当兔胃和膀胱空虚时，进行腹腔注射比较适宜。药液应加热至与体温同高。腹腔内注射可用于补液（当静脉内注射困难或心力衰竭时）。

⑥气管内注射：在颈上1/3下界正中线上。剪毛消毒后，垂直刺针，刺入气管后阻力消失，回抽有气体，然后慢慢注药。气管内注射用于治疗气管、肺部疾病及肺部驱虫等。药液应加温，每次用药的剂量不宜过多。药液应为可溶性并容易吸收的。

（4）外用给药：主要用于体表消毒和杀灭体表寄生虫。外用给药应防止经体表吸收引起中毒。尤其大面积用药时，应特别注意药物的毒性、浓度、用量和作用时间，必要时可分片分次用药。

①点眼：结膜炎时可将治疗药物滴入眼结膜囊内，眼球检查有时也需要点眼。操作时，用手指将下眼睑内角处捏起，滴药液于眼睑与眼球间的结膜囊内，每次滴入2～3滴，每隔2～4小时滴1次。如为膏剂，则将药物挤入结膜囊内。药物滴入（挤入）结膜囊后，稍活动一下眼睑，不要立即松开手指，以防药物被

挤出。

②洗涤:将药物配成适当浓度的水溶液,清洗眼结膜、鼻腔及口腔等部的黏膜、污染物或感染的创面等。常用的有生理盐水、0.3%~1%过氧化氢溶液(双氧水)、0.1%新洁尔灭溶液、0.1%高锰酸钾溶液等。

③涂擦:将药物制成膏剂或液剂,涂擦于局部皮肤、黏膜或创面上。主要用于局部感染和疥癣等的治疗。

④药浴:将药物配制成适宜浓度的溶液或混悬液,对兔进行洗浴。要掌握好时间,时间短效果不佳,时间过长易引起中毒。主要用于杀灭体表寄生虫。

3. 兽药的贮存

(1)保管方法

①一般药品都应按兽药规范中该药"贮藏"项下的规定条件,因地制宜地贮存与保管。

Ⅰ.密闭:是指将容器密闭,防止灰尘和异物进入,如玻璃瓶、纸袋等。

Ⅱ.密封:是指将容器密封,防止风化、吸潮、挥发或者异物进入,如带紧密玻璃塞或木塞的玻璃瓶、软膏管等。

Ⅲ.熔封或严封:是指将容器熔封或以适宜材料严封,防止空气、水分侵入和防止污染,如玻璃安瓿等。

Ⅳ.遮光:是指用不透光的容器包装,例如棕色容器或用黑纸包裹的无色玻璃容器及其他适宜容器。

Ⅴ.干燥处:是指相对湿度在75%以下的通风干燥处。

Ⅵ.阴凉处:是指温度不超过20℃。

Ⅶ.凉暗处:是指避光并温度不超过20℃。

Ⅷ.凉处:是指温度2~10℃。

②根据药品的性质、剂型,并结合具体情况,采取"分区分类,

货物编号"的方法妥善保管。堆放时要注意兽药与人药分区存放;外用药与内服药分别存放;杀虫药、杀鼠药与内服药、外用药远离存放;外用药与内服药以及名称易混淆的药均宜分别存放。

③建立药品保管账,经常检查,定期盘点,保证账目与药品相符。

④药品库应经常检查清洁卫生,并采取有效措施,防止生霉、虫蛀和鼠咬。

⑤加强防火等安全措施,确保人员与药品的安全。

(2)药品的有效期

①有些稳定性较差的药品,在贮存过程中,药效有可能降低,毒性可能增高,有的甚至不能药用,为了保证用药安全有效,对这类药品必须规定有效期,即在一定贮存条件下能够保证质量的期限。

②对有效期的产品,严格按照规定的贮存条件进行保存,要做到近期先出,近期先用。

(3)购买注意事项

①兽药包装必须贴有标签,注明"兽用"字样并附有说明书。标签或者说明书上必须注明商标,兽药名称、规格、企业名称、产品批号和批准文号,写明兽药的主要成分、作用、用途、用量、有效期和注意事项等。

②兽药出厂时必须附有产品质量检验合格证,无合格证的不要购买。

第四节　长毛兔常见疾病的防治

1. 兔瘟

兔瘟即兔病毒性出血症,是由出血症病毒引起兔的一种急性、热性、败血性、高度接触性传染、毁灭性的传染病，目前还是长毛兔的头号"杀手"。近年来该病明显呈现了早龄化、非典范性和散发型特点。发病年龄呈多元化趋势，尤其是刚断乳的仔兔也有产生，最早在40日龄左右。

（1）发病特点：本病一年四季均可发生，北方以冬春多发。据资料统计，3月和10月是流行高峰期。一般以3个月以上的青年兔、成年兔、哺乳母长毛兔呈急性暴发性流行，具有明显的流行期和高峰期，约持续10天左右，待兔群中大批易感兔发病或死亡，疫情停息，新流行区较明显。

主要传染源是病兔和带毒兔，通过呼吸道、消化道、皮肤和黏膜伤口直接接触传播，其次通过病兔、带毒兔的分泌物、排泄物，死兔内脏器官、血液、毛、皮、污染饲料、水、用具、兔舍、空气、野鼠、狗、猫等间接传播。

本病只有兔传染，易感性高，毛用兔易感性高于皮用兔，青、紫蓝兔和本地兔发病率较低。

（2）临床症状：本病潜伏期为2～3天，人工接种38～72小时，其临床症状分最急性型、急性型和慢性型三型。

①最急性型：发生于流行初期，病兔无任何前兆，突然蹦跳几下，抽搐、惨叫几声即倒毙死去；有的昏睡夜间死去。死后角弓反张，少数病例的鼻孔流出红色泡沫样液体，肛门松弛，周围有少量淡黄色黏液附着肛门周围。

②急性型：病兔精神沉郁，被毛粗乱，结膜潮红，体温升高达41℃以上，持续12～18小时，食欲减少或废绝。病兔呼吸迫促，体温下降，出现症状后24～48小时死亡，在临死前短期兴奋，挣扎，撞击笼架，高声尖叫，抽搐。少数病例鼻孔流出泡沫状的液体，死后角弓反张姿势，尸僵较快。

③慢性型：在流行后期或老疫区病程较长，多见老龄兔或

3个月左右的幼兔。精神不振,被毛杂乱无光泽,采食减少,迅速消瘦,衰竭而死亡,肛门松弛,有杏黄色胶冻样液体污染被毛。耐过病兔,死亡率不高,生长缓慢,发育不良,呈长期带毒者,后期可测出特异性抗体。

(3)病理变化:最急性、急性型患兔全身实质器官淤血,水肿、出血为主要特征。患病兔的喉头和气管黏膜严重淤血,尤其是气管环最为显著,在气管和支气管腔内有泡沫状血液,肺严重出血切开,肺组织流出多量红色泡沫状液体。胆囊肿大,充满稀薄的胆汁。胃脏淤血,呈暗红色,皮质有散在性针头大小暗红色的出血点,病程较长的胃呈灰黄色或灰白色坏死,最急性型病例,胃内充满食糜,胃黏膜脱落。急性型病例胃内容物少,胃黏膜脱落。蚓突的浆膜下和肌层有漫性或散在性针头和粟粒大的出血点,直肠黏膜充血,子宫、睾丸淤血。

(4)诊断:根据流行特点和病理变化一般可做出初步诊断。本病主要呈败血性变化,和兔败血型巴氏杆菌病相似,因此应注意鉴别。但巴氏杆菌病常呈散发或地方性流行,无明显年龄界限;肝有许多坏死点;呼吸器官、心脏及肠黏膜虽有出血变化,但不及本病的明显;肾不肿大,无明显色泽改变。

(5)治疗:目前对本病无特效疗法。当流行暴发兔瘟时,将病兔隔离饲养,进行临床诊断和病原学的检查,如对尸兔解剖、镜检、染色、小动物接种来排除巴氏杆菌病,对所有兔全群打一次兔瘟高免血清或兔瘟组织灭活苗,在饲料内拌入病毒唑和磺胺类药物,防止继发感染。

当病情控制后,必须彻底消毒兔舍、用具、饲盆、饮水器具。用2%烧碱、百毒杀、78消毒精均可消毒。对死兔一律深埋或无害化处理,对污染的粪、尿、排泄物、垫草要深埋,再彻底消毒一次。10～15天再注射一次兔瘟组织灭活苗。

(6)预防

①定期对兔舍、产仔箱、笼架、场地消毒。禁止外来人员参观,对新购入种兔要隔离观察,注射兔瘟疫苗7天后才能合群饲养,兔场门口要设消毒池和消毒垫。

②每年定期自繁自养的兔,要分别饲养,按期注射疫苗,进行预防。对成兔一年注射2～3次兔瘟、巴氏杆菌二联苗。未免疫兔群初生30～45天第一次免疫,60天再免疫一次,然后每年注射2～3次(有条件的20～30天首免,在45天强免一次兔瘟疫苗)。根据兔场条件用兔瘟、巴氏杆菌、魏氏梭菌三联苗注射较理想。

2. 巴氏杆菌病

兔巴氏杆菌病是由多杀性巴氏杆菌引起的一种急性传染病,又称兔出血性败血症。长毛兔对该病原非常易感,由于感染部位的不同,表现为传染性鼻炎、地方流行性肺炎、中耳炎、结膜炎、子宫脓肿、睾丸炎、脓肿病灶及全身败血症等形式。常引起大批发病和死亡,是长毛兔的主要细菌性疾病之一。

(1)发病特点:多杀性巴氏杆菌广泛分布于世界各地,对多种动物和人均有致病性。35%～75%的兔鼻黏膜及扁桃体带有本菌,但不表现症状。引进带菌兔是发生和流行本病的重要原因,特别是当饲养管理和卫生条件差、兔舍过分拥挤、长途运输及其他疾病等应激因素的作用使机体抵抗力降低时,存在于兔体内的病原菌大量繁殖,毒力增强而引起本病在兔群中暴发传播。病兔和带菌兔是此病流行的主要传染源,病原菌随病兔的唾液、鼻涕、粪便以及尿液等排出,污染饲料、饮水、用具和环境,经呼吸道、消化道、皮肤或黏膜伤口感染。

本病的发生无明显季节性,但以冷、热季节发病较多,呈散发或地方流行性,一般发病率在20%～70%。如不及时采取有效措施,可造成全群覆灭。

(2)临床症状:潜伏期一般为1～6天,通常根据感染部位的不同分为以下几种病型。

①传染性鼻炎型:常见的一种病型,以浆液性、黏液性或黏液脓性鼻液为特征。发病初期主要表现为上呼吸道卡他性炎症,流浆液性鼻液,而后转为黏液性以及脓性鼻液。病兔经常打喷嚏、咳嗽。由于分泌物刺激鼻黏膜,常用前爪擦鼻部,使局部被毛潮湿、缠结、甚至脱落;上唇和鼻孔皮肤黏膜红肿、发炎。而后,鼻液变得更多、更稠,在鼻孔周围结痂,堵塞鼻孔,致使病兔呼吸困难,同时,细菌通过喷嚏、咳嗽污染环境,感染其他易感兔。另外由于病兔经常抓擦鼻部可将病菌带入眼内、耳内或皮下,从而引起化脓性结膜炎、角膜炎、中耳炎、皮下脓肿、乳腺炎等并发症。

②地方流行性肺炎型:病兔开始表现食欲不振和精神沉郁,肺实质虽发生突变,但往往没有呼吸困难的表现,很少能见到明显的肺炎症状,常以败血症而迅速死亡。

③中耳炎型:又称斜颈病,单纯的中耳炎可以不出现临床症状。在发现的病例中,斜颈是主要的临诊表现。斜颈是细菌感染扩散到内耳或脑部的结果,而不是单纯中耳炎的症状。严重时病兔吃食、饮水困难。体重减轻,可能出现脱水现象。如感染扩散到鼓膜、脑膜和脑,则可能出现运动失调和其他神经症状。

④结膜炎型:幼兔主要表现眼睑中度肿胀,结膜发红,在眼睑处经常有浆液性、黏液性或黏液脓性分泌物存在。炎症转为慢性时,红肿消退,而流泪经久不止。

⑤脓肿型:可发生于皮下和任何内脏器官。体表热、肿、痛、有波动感,易于查出,而内脏器官,如肺脏、肝脏、心脏等发生的脓肿往往不表现临床症状。一旦脓肿发生转移,也可以引起败

血症及死亡。

⑥生殖系统感染型：多见于成年兔。母长毛兔感染后通常没有明显的临床症状。但有时表现为不孕，并伴有黏液脓性分泌物从阴道流出，如转为败血症，则往往造成死亡。公长毛兔感染后，表现一侧或两侧的睾丸肿大。

⑦败血症型：死亡迅速，通常不见临诊症状。如与其他病型（常见的为鼻炎和肺炎）联合发生，则可看到病兔体温升高到40℃以上及相应的临床症状。

（3）病理变化：各种病型变化不一致，但往往有两种或两种以上联合发生。

①鼻炎型的病变：视病程长短而定。当疾病从急性向慢性转化时，鼻漏从浆液性向黏液性、黏液脓性转化，鼻孔周围皮肤发炎，鼻窦和副鼻窦内有分泌物，鼻窦内层黏膜红肿。在转为慢性的阶段，仅见黏膜呈轻度到中度的水肿增厚。

②地方流行性肺炎型：通常呈急性纤维素性肺炎变化，以肺脏的前下方最为常见。开始时呈急性炎症反应，表现为实变，肺实质内可能有出血，胸膜面可能有纤维素覆盖；消散时，肺膨胀不全变得明显起来。如果肺炎严重，则可能有脓肿存在，脓肿为纤维组织所包围，形成脓腔或整个肺炎叶发生空洞，是慢性病程最后阶段常发生的现象。

③中耳炎型：主要是一侧或两侧鼓室有奶油状的白色渗出物。病的早期鼓膜和鼓室内壁变红，鼓室内壁上皮可能含有很多坏死细胞，黏膜下层有淋巴细胞和浆细胞浸润，有时鼓膜破裂，脓性渗出物流入外耳边，中耳或内耳感染如扩散到脑，可出现脓性脑膜脑炎的病变。

④生殖系统感染型：母长毛兔子宫炎和子宫积脓，公长毛兔的睾丸和副睾丸肿大，质地坚硬，有的伴有脓肿。

⑤脓肿型：全身各部皮下、内脏器官有脓肿。

⑥结膜炎型：多为两侧性，眼睑中度肿胀，结膜发红，分泌物常将上下眼睑粘住。

⑦败血型：因死亡十分迅速，大体或显微变化很少见到。胸腔和腹腔器官有充血、出血，浆膜下和皮下有出血。如与其他病型合并发生，可出现其他病型的病变。

(4)诊断：根据流行特点、症状和病理变化，可做出初步诊断，确诊必须进行细菌学检查。诊断时应注意全身性败血症型与兔病毒性出血症相区别；鼻炎型与波氏杆菌鼻炎相区别；肺炎型与波氏杆菌和葡萄球菌性化脓相区别；胃肠炎型与其他腹泻性疾病相区别。

(5)治疗

①链霉素每兔5万～10万单位、青霉素2万～5万单位，混合一次肌内注射，一日2次，连用3天。

②庆大霉素每兔4万单位，1次肌内注射，一日2次，连用3天。

③磺胺二甲基嘧啶内服量每千克体重0.1克，每日1次，肌内注射量每千克体重0.07克，每日2次，连用4天。

(6)预防

①兔群应自繁自养，禁止随便引进种兔；必须引进时，应先检疫并观察1个月，健康者方可进场。

②加强饲养管理与卫生防疫工作，严禁畜、禽和野生动物进场。

③有本病的兔场可用兔巴氏杆菌苗或禽巴氏杆菌苗作预防注射。

④一旦发现本病，立即采取隔离、治疗、淘汰和消毒措施。

3. 大肠杆菌病

兔大肠杆菌病又称黏液性肠炎,是由致病性大肠杆菌及其产生的毒素所引起的一种暴发性肠道性疾病,以断奶后不久的幼兔多发,且缠绵时间长,反复发作,死亡率高。

(1)发病特点:本病多引起断奶后仔长毛兔、青年长毛兔腹泻,成年兔便秘。各种成年兔均可发生急性败血症,有时会发生肺炎、胸腔积液、结膜炎等。

病兔和带菌者是本病的主要传染源,通过粪便排出病菌,散布于外界,污染水源、饲料等,多经消化道而感染。另外,仔长毛兔饥饿或过饱,饲料不良,配比不当或突然改变,气候剧变,易于诱发本病。规模化养兔场密度过大,通风换气不良,用具及环境消毒不彻底,是加速本病流行不容忽视的因素。

本病一年四季均可发生,尤以春、冬季较多发。

(2)临床症状:潜伏期 4~6 天,最急性者可突然死亡而不显任何症状。初生仔兔常呈急性过程,腹泻不明显或排黄白色水样粪便,腹部膨胀,1~2 天死亡。多数病兔初期腹部膨胀,粪便细小、成串,外包有透明胶冻状黏液,随后出现水样腹泻,食欲减退,尾及肛周有粪便污染,精神差,病兔四肢发冷,磨牙,流涎,眼眶下陷,迅速消瘦。便秘病兔精神沉郁,被毛粗乱,废食,兔粪细小,常卧于兔笼一角,逐渐消瘦死亡。

当发生结膜炎时,初期病兔患眼流泪,眼睑肿胀,结膜红肿,毛细血管充血,继而患眼出现浆液性、脓性分泌物,分泌物流经处可发现被毛脱落,皮肤破溃,表皮发红。有的兔在脸部出现脓疱,后期失明,精神沉郁,少食,最后死亡。

(3)病理变化

①腹泻病兔剖检:胃膨大,内充满多量液体和气体,胃黏液有针尖大出血点;十二指肠充满气体和染有胆汁的黏液;空肠、

197

回肠肠壁薄而透明,内有半透明胶冻样液体,并混有气泡;结肠扩张,内有透明样黏液;结肠和盲肠黏膜充血,有时浆膜上有出血斑点,有的盲肠壁半透明,内充满大量气体;胆囊扩张,黏膜水肿;膀胱常胀大,内充满尿液。

②便秘病死兔剖检:可见盲肠、结肠内容物较硬且成形,上有胶冻样物质,肠壁有时有出血斑点,肠系膜淋巴结肿大,肝脏、心脏有小点坏死病灶。败血型可见肺部充血、淤血,局部肺实变,有的病兔胸腔内有大量灰白色液体,肺与胸膜相粘连。

(4)诊断:根据流行病学、临床症状、病理变化可做出初步诊断。确诊常进行细菌学检查,镜下出现革兰阴性杆菌,两极染色略深,培养物进行生化反应及血清学鉴定,符合大肠杆菌的反应模式时,多可做出判定。本病应与兔球虫病相区别。

近年来,脱氧核糖核苷酸(DNA)探针技术和聚合酶链反应(PCR)技术已被用来进行大肠杆菌的鉴定,这两种方法被认为是目前最特异、敏感和快速的检测方法。

(5)治疗

①链霉素肌内注射,每次每千克体重20毫克,每日2次,连用4~5天。

②氯霉素肌内注射,每次每千克体重20~25毫克,每日2次,连用4~5天。

③氯霉素口服,每次每千克体重20~25毫克,每日3次,连用5天。

④呋喃唑酮口服,每次每千克体重15毫克,每日3次,连用3天。

⑤磺胺脒(每千克体重100毫克)、呋喃唑酮(每千克体重15毫克)、酵母片(1片)混合口服,每日3次,连用4~5天。也可用大蒜酊或大蒜泥口服治疗。

⑥螺旋霉素,每次每天每千克体重20毫克,肌内注射。

⑦粘菌素,每天每千克体重0.5～1毫克,肌内注射。

⑧庆大霉素,每次每千克体重1～1.5毫克,肌内注射,每天3次。

⑨硫酸卡那霉素,每次每千克体重5毫克,肌内注射,每天3次。

⑩恩诺沙星,每次每千克体重0.25～0.5毫升,肌内注射,每天2次,连续3～5天。

(6)预防:预防本病,可用兔大肠杆菌病多价灭活疫苗或多联苗进行免疫注射。另外,应加强饲养管理,防止频繁更换饲料和饲喂霉烂变质饲料,仔兔断奶前后的饲料必须坚持循序渐进地更换和合理搭配,减少各种应激因素的刺激;避免长期使用几种药物,及时对药物进行更新,以免产生耐药性;保持兔场的清洁卫生,经常对环境消毒,比如用1∶200倍复合酚,坚持每半月对兔舍笼、饲养用具消毒一次,或0.5%消毒王带兔喷雾消毒。

4. 波氏杆菌病

波氏杆菌病是由波氏杆菌属中的波氏杆菌引起的,为兔类的一种多发性呼吸道传染病。

(1)发病特点:本病在春秋季节多发,经调查由于保温措施不当或各种应激因素的影响,如气候骤变,感冒,强烈刺激性气体的刺激,寄生虫等,使带菌兔的上呼吸道黏膜脆弱,抵抗力下降,本菌乘虚而入,感染发病。主要传染途径为呼吸道如打喷嚏、咳嗽,随呼吸道将鼻腔分泌物排出外界污染环境。该病的传染源为带菌兔和病兔,仔长毛兔和青年长毛兔呈急性经过,易与巴氏杆菌病、李氏杆菌病继发感染。成年长毛兔呈慢性经过。鼻炎型呈地方流行,支气管肺炎型呈散发性流行。

(2)临床症状:病兔表现精神不振,食欲降低,呼吸困难,不愿活动,目光呆滞,精神沉郁,食欲疲绝。病程一般是 7～28 天死亡,急性发作 7 天之内死亡。

①鼻炎型:病兔精神不佳,闭眼,鼻孔流出清水样鼻涕,病兔打喷嚏,呼吸困难,经常用前爪抓擦鼻部,鼻孔周围及前肢部湿润,被毛污秽不洁,鼻腔黏膜充血,流出多量浆液性或黏液性分泌物,有的病兔甩头,不断地排出鼻腔分泌物,引起鼻部炎症出血,患兔渐渐消瘦,体重减轻,最后衰竭死亡,成年长毛兔转入慢性型或支气管肺炎型。

②支气管肺炎型:有的患兔鼻炎经久不愈,细菌下行至支气管或肺部,引起鼻腔黏膜红肿、充血,有多量黏液流出,为白色黏液脓性分泌物,打喷嚏,呼吸困难,鼻孔形成堵塞性痂皮,有鼻鼾声,患兔食欲下降,进行性消瘦,病程达数月之久;有的继发巴氏杆菌或败血症而死亡;有转入慢性成为带菌者呈地方性流行。

(3)病理变化:鼻腔黏膜、咽喉及支气管内有淡黄色泡沫状浆液性和黏液性分泌物,喉头充血、水肿,气管黏膜充血、出血;肺部肿大并有多量大小不一的脓疱,表面凹凸不平,也有的有多量密集小脓疱,肺部表面粗糙呈棕褐色病变区,切开病变区有液体流出,慢性病程的肺上面有大小不等、数量不一的化脓灶,小如粟粒,大如鹌鹑蛋,在脓疱内有黏稠性乳白脓汁,肝脏肿胀、淤血,质地变硬,表面有少量细小脓疱,有的病例在屠宰后检查肺部有病变,也有的可见心包炎或化脓性胸膜炎等。

(4)诊断:从临床上特殊症状和病变结合流行病学可初步诊断,最好进行实验室诊断确诊。在临床症状上与巴氏杆菌病、葡萄球菌病相鉴别。

(5)治疗:发病后,对严重病兔淘汰。而临床症状轻微,用氧氟沙星连续使用 5 天即可,在病兔停止死亡或病情减轻时,可用诺氟沙星按 100 毫克/千克饲料拌料。另可选择卡那霉素每千克体重 5 毫克,每天 2 次,肌内注射,或用新霉素,每千克体重40 毫克,每天 2 次,肌内注射等。将病兔粪彻底清除,禁止死兔剥皮吃肉,必须深埋或烧毁。兔舍再彻底消毒一次。

(6)预防:平时加强饲养管理,定期消毒,兔舍通风良好,对健康兔群进行支气管败血波氏杆菌灭活苗预防注射,每兔皮下或肌内注射 1 毫升。免疫期 4~6 个月,每年注射 2 次。平时每天临床检查,有呼吸异常或鼻炎,应将病兔隔离饲养。兔场最好自繁自养,到外地引进种兔,要隔离饲养 15~30 天,经临床与血清学检查阴性方可合群饲养。

5. 魏氏梭菌病

本病又称兔魏氏梭菌性肠炎,是由 A 型和 E 型魏氏梭菌所产生外毒素引起的肠毒血症。以急性腹泻、排黑色水样或胶冻样粪便、盲肠浆膜出血斑和胃黏膜出血、溃疡为主要特征。发病率与死亡率较高。除哺乳仔兔外,不同年龄、品种、性别的长毛兔对本病均有易感性。

(1)发病特点:一年四季均发病,冬、春为发病高峰期,各种年龄易感,以 1~3 月龄多发。主要经消化道感染,长期运输,饲养管理不当,饲料霉变、精料过多,易诱发本病。

(2)临床症状:按病程、潜伏期的长短,本病可分为最急性型和急性型。

①最急性型:突然发作,急剧腹泻,很快死亡。有的病兔精神沉郁,蜷缩,被毛粗乱,食欲废绝,剧烈水泻,有特殊腥臭味,消化道充满气体和液体,腹部显著膨胀,肛围、后肢被稀粪沾污,若抓起病兔,黄色粪水从肛门流出,经 1~2 天后死亡。

②急性型:患兔突然不食,精神不振,粪便不成形,很快变为带血色或黑色或褐色腥臭的胶冻样稀粪,污染肛围和后肢及尾部被毛。病兔严重脱水,体重迅速减轻,四肢无力,精神委顿,甚

至呈昏迷状态,有些病例呈现抽搐,也有的病例突然跳跃急跑,尖叫一声,很快倒地痉挛死亡。

(3)病理变化:尸体脱水、消瘦,腹腔有腥臭气味,胃内积有食物和气体,胃底部黏膜脱落,有出血和大小不一的黑色溃疡。肠壁弥漫性充血或出血,小肠充满气体和稀薄的内容物,肠壁薄而透明。肠系膜淋巴结充血、水肿,盲肠浆膜明显出血,盲肠与结肠内充满气体和黑绿色水样粪便,有腥臭气味。心外膜血管怒张,呈树枝状。肝与肾淤血、变性、质脆。膀胱多有茶色尿液。

(4)诊断:根据症状、病理变化和流行特点可做出初步诊断。确诊需用肠内容物上清液注射兔或小鼠,检查有无外毒素。

(5)治疗

①将死兔深埋,病兔隔离治疗。同时固定专人饲喂,工具、饲具专用。

②对未发病的长毛兔用魏氏梭菌氢氧化铝灭活苗倍量进行紧急免疫接种。

③对病兔注射魏氏梭菌高免血清,按每只3～5毫升,每日2次,隔天使用。

④病兔口服喹乙醇,每千克体重5毫克,同时注射卡那霉素,每千克体重20毫克,并配合腹腔注射5%葡萄糖生理盐水,20～50毫升/只,连用3～5天。

⑤用3%的烧碱溶液对兔舍和环境进行彻底消毒,水槽、料槽用0.1%新洁尔灭溶液浸泡刷洗,使疫情得到控制。

(6)预防:魏氏梭菌是一种条件性致病菌,所以应坚持以预防为主的方针。

①在饲养过程中,多投喂一些粗纤维含量高的饲料,以减少兔胃肠道的压力。

②加强兔舍的环境管理,要注意适时通风、兔舍的消毒以及

保暖工作。

③定期注射魏氏梭菌氢氧化铝灭活疫苗。

④对于新引进的兔种要进行隔离观察后再进场。

6. 沙门氏杆菌病

本病是由鼠伤寒沙门氏杆菌引起,故又名兔沙门氏杆菌病。本病以败血症、腹泻和怀孕后期(25天后)母长毛兔流产和死胎为特征。流产母长毛兔死亡较多,未死亡的母长毛兔康复后配种不易着床受胎。

(1)发病特点:本病一年四季均可发生,主要发生于25日龄以后的母长毛兔,发病率高达57%,流产率为70%,致死率为49%。病兔和带菌兔是主要的传染源。主要传播途径是消化道,幼兔也可经子宫内及脐带感染。健康兔吃了被污染的饲料、饮水而发病。健康兔肠道内在正常情况下也寄生有沙门氏杆菌,在管理条件不善,气候变化,卫生条件差,兔机体抵抗力下降时,病原体可大量繁殖,也会引发本病。此外,鼠类、鸟类及苍蝇也能传播本病。

(2)临床症状:少数长毛兔发病呈最急性型,不出现症状而突然死亡。临床上常见的是急性型和慢性型。病兔精神沉郁,食欲废绝,体温升高,呼吸困难,腹泻,排出有泡沫的黏液性粪便。母长毛兔从阴道内排出脓性或黏性液体,阴道黏膜潮红水肿。孕兔发生流产后多数死亡,少数康复兔,则不易再受孕。

(3)病理变化:突然死亡的病长毛兔呈败血症病变,多数病兔内脏器官充血和有出血斑,胸、腹腔有大量积液和纤维素性渗出物。病程较长的,可见气管黏膜充血和出血、有红色泡沫、肺水肿、实变,肝脏表面有针尖大小的坏死灶。脾充血肿大,肾肿大。肠黏膜充血、出血,有弥漫性灰白色粟粒大的结节,肠系膜淋巴结充血水肿,怀孕母长毛兔或流产母长毛兔出现化脓性子宫炎及溃疡症状。

(4)诊断：根据发病原因、临床症状做出初步诊断，再进行病理变化、实验室诊断(涂片染色镜检、细菌培养、动物实验、生化反应、药敏试验)等结果确诊。诊断时应注意将本病与大肠杆菌病相区别。

(5)治疗：治疗时，应将病兔隔离，病兔、健兔均应投喂药物，同时保证足疗程和足剂量给药。

①氯霉素肌内注射，每次每千克体重 20～25 毫克，每日 2 次，连用 3～4 天。

②氯霉素口服，每次每千克体重 20～25 毫克，每日 2 次，连用 3 天，也可用土霉素、链霉素。

③琥珀酰磺胺噻唑，每次每千克体重 0.1～0.3 克，每日分 2～3 次内服。

④大蒜洗净捣烂，加适量凉开水灌服，每日 3 次，连用 5 天。

⑤强力痢舒清注射液，按每千克体重肌注 0.5 毫升，1 日 2 次，连用 2～3 天。

⑥炎炎通泰饮水剂，按每千克饮水用药 2～4 克，或每千克饲料用药 4～8 克，混匀后自由饮水或采食，连用 3～5 天。

⑦环丙沙星可溶性粉，按每千克水用药 0.75～1.25 克，或每千克饲料用药 1.5～3.0 克，混合均匀后分别自由饮水或采食，连喂 3～5 天。

⑧黄连 90 克，黄芪 60 克，黄柏 60 克，马齿苋 90 克，加水 3000 毫升用文火煎至 1500 毫升，供兔自由饮用，或取药液按每千克体重给病兔灌服 3～5 毫升，1 日 2 次，连喂 3 天。

(6)预防

①兔场要做好灭蝇、灭鼠工作，经常用 2% 火碱或 3% 来苏儿消毒。发病兔、病死兔应及时治疗、淘汰或销毁。

②搞好饲养管理和环境卫生,消除各种应激因素,可减少本病的发生。

③兔场要进行定期检疫,淘汰感染兔。引进的种兔要进行隔离观察,淘汰感染兔、带菌兔,建立健康的兔群。

④对怀孕初期的母长毛兔可注射鼠伤寒沙门氏菌灭活苗,每次颈部皮下或肌内注射1毫升,每年注射2次。

7. 葡萄球菌病

兔葡萄球菌病是由金黄色葡萄球菌引起的一种常见病,以致死性败血症变化和几乎可以发生于任何器官和部位的化脓性炎症为特征。本病分布广泛,世界各地都有发生。

(1)发病特点:葡萄球菌在自然界分布很广泛,空气、饲料、饮水、土壤、灰尘和各种动物体表都有染附,动物的皮肤、黏膜、肠道、扁桃腺体、乳房和爪甲缝等也有寄生。各种年龄、不同性别的长毛兔都可感染。病兔不断从脓汁、排泄物及分泌物中排出病原菌,污染周围环境。其传播途径主要是经皮肤和黏膜感染,尤其在外伤时最易发生。但也可通过直接接触、呼吸道和消化道等途径感染。哺乳母长毛兔的乳头是本病进入机体的重要门户。

此外,外界不良的卫生条件,兔笼的结构不合理以及不适当的饲料配比,特别是蛋白质饲料过多,均可诱发本病的发生。

(2)临床症状:根据病菌侵入的部位和扩散的情况不同,表现多种不同症状。潜伏期2~5天。

①脓肿及转移性脓毒血症:在全身各部位皮下或肌肉、内脏器官形成一个或几个脓肿。病变部初期红肿、硬实,后形成脓肿,大小不一。皮下脓肿经1~2个月后能自行破溃,流出脓汁,破溃口经久不愈。脓液通过抓伤和血流扩散到其他部位,当脓肿向内破溃时,即发生全身性感染,呈现脓毒血症,病兔迅速死亡。

②乳房炎:母长毛兔产仔初期由乳头或乳房皮伤而感染。体温升高,乳房发硬或紫红或蓝紫色,逐渐增大,乳汁中混有脓液或血液。

③仔兔急性肠炎:仔兔吃了患乳房炎母长毛兔的乳汁而引起急性肠炎。全窝发病,肛门周围被毛污秽、腥臭,患兔昏睡,体质衰弱,经2~3天死亡。

④仔兔脓毒败血症:仔兔出生后2~3天,皮肤上出现粟粒大的脓肿,多数病兔在2~5天呈败血症死亡。少数病兔的脓疱逐渐变干、消失而痊愈。

⑤脚皮炎:在兔脚掌心和侧面皮肤开始出现充血、发红、肿胀和脱毛,继而形成不愈的溃疡,病兔行动困难,食欲减退,消瘦。如发生全身感染,呈败血症死亡。

(3)病理变化:病兔不同部位皮下和内脏器官有数量不等、大小不一的脓疱,疱膜完整,内含浓稠的乳白色脓液或破溃而流出脓汁。

(4)诊断:根据临诊症状和病理变化可以做出诊断,必要时通过细菌学、免疫学方法做出确诊。

(5)治疗:本病的治疗最好在药敏试验的基础上选择合适的药物。据报道,新型青霉素应列为首选治疗药物。其他如红霉素、庆大霉素和卡那霉素等也可考虑合用或单用。还可用7.5%海康注射液,按每千克体重10毫克肌内注射或皮下注射,每天1次,连用2~3天,越早治疗效果越好。局部脓肿、足跖面皮炎和外生殖器炎症,可按一般外科方法处理,或结合全身治疗。如切开皮下脓肿排脓后,用3%过氧化氢溶液或0.2%高锰酸钾溶液冲洗,然后涂以碘甘油等。对足跖面皮炎,要检查笼底是否合乎要求,必要时应更换软草,先用1%的过氧化氢溶液冲洗患部,再用5%碘酊或5%甲紫酒精溶液涂擦,并施行局部或全身性治疗。

（6）预防：预防可用分离到的葡萄球菌灭活苗进行免疫接种，母长毛兔配种后接种，仔兔断乳后接种，一年 2 次。也可选用抗生素，混合在饲料和引水中，作为预防给药。另外，由于葡萄球菌广泛分布于自然界，所以本病的预防应主要依靠加强饲养管理和作好经常性的兽医卫生工作，包括以下几点：

①经常保持兔舍、兔笼和运动场的清洁卫生，定期消毒，防止和避免兔体外伤。

②加强饲养管理，尤其产仔后和断乳前的母长毛兔，要视情况适当减少优质精料和多汁青料，以预防由于乳汁过多、过浓和积乳而发生乳房炎。

③预防本病的发生，可用 0.2% 土霉素粉或 0.04% 新诺明粉拌料，连喂 3～5 天，还可用金黄色葡萄球菌培养液制成灭活苗，每兔皮下注射 1 毫升，预防本病的流行。

④发现病兔及时隔离，并进行治疗，对环境进行彻底消毒。

8. 链球菌病

本病是由溶血性 C 群兽疫链球菌引起的急性败血症，临床上以体温升高、呼吸困难、间歇性腹泻和死亡为主要特征，有的出现神经症状，主要危害幼长毛兔。

（1）发病特点

①病菌存在于多种动物和健康兔的呼吸道、口腔和阴道中，所以带菌的家畜和病兔是主要传染源。

②病原菌一般是通过呼吸道、眼结膜、生殖道、皮肤伤口侵入体内。

③饲养管理不当及其他应激因素使机体抵抗力下降可诱发本病。

④一年四季均能发病，但以春秋两季多发。

（2）临床症状

①患兔体温升高、呼吸困难、不食、精神沉郁。

②表现间歇性腹泻，呈脓毒败血症而死亡。

③溶血性链球菌可引起中耳炎，临床表现为歪头等神经症状。

（3）病理变化：皮下组织呈出血性浆液性浸润，脾脏肿胀，出血性肠炎，肝脏、肾脏呈脂肪性变性。

（4）诊断：本病临床较难诊断，采取病变组织，呼吸道分泌物、化脓灶等涂片，革兰染色，镜检可见革兰阳性的短链球菌即可确诊。

（5）治疗：病兔可用青霉素、氨苄青霉素、磺胺类药物治疗。

①青霉素，每千克体重2万～4万单位，肌内注射，每天2次，连用3～5天；先锋霉素Ⅱ，每千克体重20毫克，肌内注射，每天2次，连用3～5天；红霉素每千克体重20毫克，肌内注射，每天2次，连用3～5天；磺胺嘧啶钠每千克体重0.2～0.3克，内服或肌内注射，每天2次，连用3～5天，也可采用林可霉素或克林霉素。

②用抗溶血性链球菌高免血清配合治疗，每兔千克体重肌内注射2毫升，每天1次，连用2～3日，效果更佳。

③如果发生脓肿，就根据常规方法切开排脓，然后用2%洗必泰溶液冲洗，涂碘酊或碘仿合剂，每天1～2次，连用5天。

（6）预防

①加强饲养管理和日常卫生防疫工作。

②发现病兔立即隔离治疗，用具与环境彻底消毒。

③平时可用磺胺类药物预防，每只兔100～200毫克，饮水或拌料每天2次，连用3～5天。

④有条件的可用当地分离的链球菌制成氢氧化铝灭活菌

苗,每只兔肌内注射1毫升,预防本病的发生和流行。

9. 土拉杆菌病

本病是由土拉杆菌引起的自然疫源性传染病,又名野兔热。原发于野生啮齿动物,传染于兔及家畜和人的共患传染病。

(1)发病特点:野生动物很易感,海狸鼠、水松鼠、狐、貂等均易感,呈地方性流行。对小白鼠、豚鼠、兔等最易感,同时可以通过兔直接接触人传染,特别是野兔肉、兔肠最严重。消化道、呼吸道、伤口黏膜间接传染。一般春、夏、秋季节多发。

(2)临床症状:潜伏期1~10天。按传播的途径不同,表现出临床症状以败血型为主。病兔高热,呼吸困难,食欲废绝,迅速死亡,个别病兔精神沉郁,不吃或运动失调,病程稍长衰竭而死亡。

一般病兔高度消瘦,衰弱,精神萎靡,体表淋巴结肿胀发硬(颌下、颈下、腋下、鼠蹊),个别病兔有鼻炎症状,体温升高1~2℃,体表淋巴结化脓,发热,白细胞增多,昏迷,经1~2周病兔死亡;轻者恢复健康。

(3)病理变化:急性死亡者,无特征病变。如病程较长,淋巴结显著肿大,色深红,切面见大头针头大小的淡黄灰色坏死点;淋巴结周围组织充血、水肿;脾肿大、色深红,表面与切面有灰白或乳白色的粟粒至豌豆大的结节状坏死;肝肿大,有散发性针尖至粟粒大的坏死结节;肾的病变和肝的相似。

(4)诊断:本病淋巴结、脾、肝、肾有特征的化脓性坏死结节,因此根据病变和细菌检查可做出诊断。

(5)治疗:治疗本病链霉素效果最有效,但后期治疗效果不理想。

①链霉素按每千克体重20毫克肌内注射,每日2次,连用4天。

②土霉素按每千克体重 20 毫克,用溶媒溶解后肌内注射,每日 2 次,连用 3 天。

③卡那霉素每千克体重 10～30 毫克肌内注射,每日 2 次,连用 4 天。

(6)预防

①按防疫规定引进种兔。

②消灭鼠类、吸血昆虫和体外寄生虫。

③及时治疗病兔,对病死兔应采取焚烧等严格处理措施。

④剖检病尸时要注意防止感染到人。

10. 水疱性口炎

本病是由水疱性口炎病毒引起的一种急性、热性传染病。其特征是口腔黏膜发生水泡性炎症并伴有大量流涎,故又称"流涎病",具有较高的发病率和病死率。

(1)发病特点:自然情况下,本病主要危害 1～3 月龄的幼长毛兔,最常见的是在断乳后 1～2 周龄的仔长毛兔,成年长毛兔较少发生。病兔是主要传染源,其口腔分泌物及坏死黏膜内含有大量病毒。其传染途径以消化道为主,当健康兔吃食被污染的饲料、饮水,病毒通过污染兔舍经唇和口腔黏膜而感染。饲喂霉烂或有刺激饲料而引起机体抵抗力降低或口腔黏膜有损伤时,更易诱发本病。一般在春秋两季发病率较高。

(2)临床症状:潜伏期 3～7 天,病初口腔黏膜潮红、充血,随后在唇、舌、硬腭及口腔黏膜等处出现粟粒至扁豆大的水疱,其内充满纤维素性清液,不久水疱破溃形成烂斑和溃疡,同时有大量涎水沿口角流出,使下腭、髯、颈、胸部和前爪粘湿,使该处被毛粘成一片,局部皮肤由于经常浸湿和刺激,发生炎症和脱毛。常由于细菌的继发感染,引起唇、舌、口腔及其他部位黏膜坏死,并伴有恶臭。由于口腔黏膜损害,食欲减退或不食,随着损害严重,则发热(重病者体温可升至 40～41℃),沉郁,腹泻,日渐消瘦,虚弱。病程一般 2～10 天,最后因衰竭而死亡。发病率为67%,死亡率为 50%左右。

(3)病理变化:口腔黏膜、舌和唇黏膜有水疱、糜烂和溃疡,咽、喉头部聚集着多量泡沫样的唾液,唾液腺肿大发红,胃扩张,充满黏稠的液体,肠黏膜特别是小肠黏膜有卡他性炎症变化,病兔尸体十分消瘦。

(4)诊断:根据本病典型水疱病变,特征性流涎症状,易发兔龄及发病有明显的季节性等流行特点,一般可做出诊断。但应与污染有真菌的饲料、化学刺激和有毒植物引起的口炎相区别,必要时通过实验室检查确诊。

(5)治疗:本病目前没有特效治疗方法,对病兔可做一些对症治疗,并用抗菌药物控制继发感染。

①对病兔和疑似病兔,用磺胺二甲基嘧啶治疗,每千克体重0.2～0.5 克,每天内服 1 次,连续服 3 天;或用病毒灵 1 片(0.2 克),复方新诺明 1/4 片(0.125 克),维生素 B_1、维生素 B_2各 1 片,共研磨,为 1 只兔 1 次内服量,每天 2 次,连服 2 天;也可用大青叶 10 克,黄连 5 克,野菊花 15 克,煎汤内服,此药量为5 只兔一次剂量。口腔黏膜创面用 2%硼酸或 2%明矾溶液冲洗,然后涂以碘甘油,每天 1 次,连用 4 天;也可撒布青黛散或冰片散,每次 0.5 克,每天 2～3 次,连用 2～3 天。

②对病兔群中未发病兔,可用磺胺二甲基嘧啶预防,每千克精料内拌入 5 克,或每千克体重内服 0.1 克,每天 1 次,连用3～5 天。

(6)预防

①平时应加强饲养管理,不要饲喂带有芒刺的饲草,清除饲料中的尖锐物,以防损伤兔的口腔黏膜;防止引进病兔,引入种

兔必须隔离饲养观察 1 个月以上,健康兔方能混群;春、秋两季更要严格采取卫生防疫措施,定期用 2‰氢氧化钠或 0.5‰过氧乙酸对兔舍、兔笼及其他用具消毒;兔群中发现病兔立即隔离,进行处置。

②为预防本病的流行,可用当地病兔的组织脏器和血毒制备的结晶紫甘油疫苗或鸡胚结晶紫甘油疫苗进行免疫接种。

11. 兔痘

兔痘是由兔痘病毒引起的急性、热性、高度接触性传染病。各种年龄长毛兔均可发生。

(1)发病特点:病兔的肺脏、肝脏、脾脏、血液、尿液、脓汁等含有病毒。因此,病兔是本病的主要传染源。可经呼吸道、消化道,皮肤和黏膜伤口直接接触感染。兔可以自然感染发病,一般发病无年龄特异性,幼兔和孕母长毛兔发病后死亡率高,兔群内传播迅速,幼长毛兔达 70%,成年长毛兔 30%~40%,可呈散发性,又能呈地方性流行。

(2)临床症状:潜伏期 2~9 天,后期达 14 天。病兔出现体温升高,39.5℃左右,有鼻漏,精神不佳,胸淋巴结和腹股沟淋巴结肿大,发病 5 天在皮肤上出现红斑性疹,发展为丘疹,丘疹干燥,形成浅表痂皮。红斑和丘疹分布于体表皮肤,有的在鼻腔和口腔黏膜上,也在眼睑上,轻者羞明流泪呈眼睑炎,严重者发生化脓性眼炎或弥漫性、溃疡性角膜炎,甚至角膜穿孔,患虹膜炎和虹膜睫状炎。公长毛兔严重睾丸炎,伴有阴囊水肿,在包皮和尿道也出现丘疹,母长毛兔生殖道黏膜上也有同样病灶。病兔经 7~10 天死亡,也有的几周内死亡。

自然发病的兔痘,发热,不食,精神不安,出现结膜炎和下痢,无丘疹感染病兔一周内死亡。据报道,病兔经 5 天潜伏期后,病兔表现食欲废绝、腹泻,一侧或双侧眼睑炎。1~2 天后在口、鼻、耳廓、腹部、背部、阴囊皮肤、肛门和肛门周围出现斑点，然后变成1厘米、微凸红色坚硬的丘疹（绝不变成水疱和脓疱症），还能发生在生殖器官上。个别病例有神经症状，表现运动失调，痉挛，眼球震颤，有些肌群发生麻痹。肛门、尿道括约肌发生麻痹，同时继发支气管肺炎、喉炎、鼻炎、胃肠炎，孕母长毛兔流产。感染7～10天死亡，慢性拖至几周死亡。

（3）病理变化：主要病变在皮肤，损害依丘疹发病轻重而定，有的广泛坏死和出血不等。丘疹发生身体各部位，口腔、鼻腔、肺脏、肝脏、脾脏可见到灶性坏死，有的在腹膜和网膜上有灶性丘疹；睾丸、卵巢、子宫出现水肿，有白色结节、出血或灶性坏死。

（4）诊断：按临床症状与特征性病理变化可初步诊断。若确诊，应在实验室做病原检查。本病特征性临床症状是皮肤上出现红斑性疹，发展到丘疹，丘疹干燥形成浅表痂皮，绝不形成水泡和脓疱，应与兔的葡萄球菌病加以区别。其次将病料涂片镜检，可见包涵体，而葡萄球菌为革兰阳性菌，镜下可见圆形或卵圆形葡萄串状金黄色葡萄球菌，注意加以鉴别。

（5）治疗：若在感染威胁区的种兔，可用牛痘苗注射，起到一定的保护作用。据资料介绍，用利福平对兔痘病毒有效，也可用氨硫脲的靛红药物治疗，对局部用0.1％高锰酸钾清洗，后用碘甘油或紫药水涂擦。

（6）预防：平时加强饲养管理，做好兔舍的清洁卫生工作，对兔粪、尿及时清除消毒，可用3％石炭酸、0.1％碘液、百毒杀等，若有临床症状病兔进行隔离和淘汰。目前对本病的传染来源还不太明确的情况下，为了防止继发感染可用抗生素注射，同时在饲料内添加病毒唑和多种维生素，最好添加复合维生素B，增强皮肤抵抗力。

12. 球虫病

球虫病是长毛兔的最主要寄生虫病。在全球范围内普遍发生,具有发病率高、死亡率高、全年发病、控制难度大的特点。尽管市面上多种药物均可对球虫病有抑制作用,但本病发生有增无减。

(1)发病特点:本病一年四季均可发生,在南方梅雨季节常呈现发病高峰;在北方以夏、秋季多发,均呈地方性流行。断奶后至3月龄的长毛兔最易感,发病死亡率可达50%以上。一般成年长毛兔感染后带虫,极少发病死亡,但能排出卵囊。

(2)临床症状:球虫病的潜伏期一般为2~3天,有时潜伏期更长一些。病兔的主要症状为精神不振,食欲减退,伏卧不动,眼、鼻分泌物增多,眼黏膜苍白,腹泻,尿频。按球虫寄生部位本病可分为肠球虫病、肝球虫病及混合型球虫病,以混合型居多。肠型以顽固性下痢,病兔肛门周围被粪便污染,死亡快为典型症状。肝型则以腹围增大下垂,肝肿大,触诊有痛感,可视黏膜轻度黄染为特征。发病后期,幼长毛兔往往出现神经症状,表现为四肢痉挛,麻痹,最终因极度衰弱而亡。

(3)病理变化

①肝球虫病:病兔肝肿大,表面有白色或淡黄色结节病灶,呈圆形,大如豌豆,沿胆管分布。切开病灶可见浓稠的淡黄色液体,胆囊肿大,胆汁浓稠色暗。在慢性肝病中,可发生间质性肝炎,肝管周围和小叶间部分结缔组织增生,使肝细胞萎缩,肝体积缩小,肝硬化。

②肠球虫病:可见十二指肠、空肠、回肠、盲肠黏膜发炎、充血,有时有出血斑。十二指肠扩张、肥厚,小肠内充满气体和大量黏液。慢性病例肠黏膜呈淡灰色,上有许多小的白色小点或结节,有时有小的化脓性、坏死性病灶。肠系膜淋巴结肿大,膀

胱积黄色混浊尿液,膀胱黏膜脱落。

③混合型球虫病:各种病变同时存在,而且病变更为严重。

(4)诊断:根据流行病学资料、临床症状及病理剖检结果,可做出初步诊断。用饱和盐水漂浮法,检查粪便中的卵囊;或将肠黏膜刮取物及肝脏病灶结节制成涂片,镜检球虫卵囊、裂殖子或裂殖体等。如在粪便中发现大量卵囊,或在病灶中发现大量不同发育阶段的球虫,即可确诊。

(5)治疗

①磺胺六甲氧嘧啶:按 1000 毫克/千克混饲,连用 3～5 天,隔一周,再用一个疗程。

②磺胺二甲基嘧啶与三甲氧苄氨嘧啶:按 5:1 比例混合后,以 200 毫克/千克浓度混饲,连用 3～5 天,停一周,再用一个疗程。

③氯苯胍:按每千克体重 30 毫克混饲,连用 5 天,隔 3 天再用一次。

④杀球灵:按 1 毫克/千克浓度混饲,连用 1～2 个月,可预防兔球虫病。

⑤莫能菌素:按 40 毫克/千克浓度混饲,连用 1～2 个月,可预防兔球虫病。

⑥盐霉素:按 50 毫克/千克浓度混饲,连用 1～2 个月,可预防兔球虫病。

(6)预防

①兔场应建于干燥向阳处,保持干燥、清洁和通风。

②幼兔与成兔分笼饲养,发现病兔立即隔离治疗。

③加强饲养管理,保证饲料和饮水不被粪便污染。

④使用铁丝兔笼,笼底有网眼,使粪、尿全流到笼外,不被兔所接触。兔笼可用开水、蒸气或火焰消毒,或放在阳光下暴晒,

以杀死卵囊。

⑤合理安排母长毛兔繁殖,使幼兔断奶不在梅雨季节。

⑥在球虫病流行季节,对断奶仔兔,将药物拌入饮水中预防。

氯苯胍:对多种畜禽的球虫病有效。对于兔球虫病,如预防每千克饲料中需加150毫克氯苯胍,如治疗则每千克饲料中需加300毫克。

盐霉素:主治畜禽的球虫病。如用于预防兔球虫病,每千克饲料中添加盐霉素25毫克,如治疗每千克饲料中加50毫克。

莫能菌素:对畜禽球虫有良好的防治作用。如预防兔球虫病,每千克饲料中添加25毫克,如治疗每千克饲料中添加50毫克。

球痢灵:对多种球虫有效。预防量为每千克饲料中添加125毫克,治疗量为每千克饲料中添加250毫克。

大蒜、洋葱,适量混于饲料中经常饲喂。

13. 皮癣病

皮癣病又名皮肤霉菌病或皮肤癣菌病,俗名"钱癣""脱毛癣""轮癣""发癣""皮癣"等,主要是由真菌毛癣霉菌和小孢霉菌所引起的一种慢性、高度接触性、传染性极强的细菌性皮肤传染病,也是一种人兽共患病。皮肤真菌病分布广泛,见于各养兔国家和地区,我国也不例外,已有15个省(市、区)报道了长毛兔皮肤真菌病,且近10年来发病呈上升趋势,严重者引起兔营养不良、生长迟缓、逐渐消瘦,并易继发和并发其他兔病而导致病兔死亡。长毛兔发病后,必然严重影响皮毛的生长和质量,危害兔的健康和生命,造成严重的经济损失。

(1)发病特点:多种动物及人都可感染本病,病兔是主要的传染源。本病主要的传播方式是健康兔与病兔的直接接触,也可通过用具及人员间接传播。潮湿、多雨、污秽的环境条件,兔舍及兔笼卫生不好，可促使本病发生。本病多呈散发，幼兔比成年兔易感。

（2）临床症状：潜伏期长短不一，一般为 15～30 天。幼兔中，常可引起严重的临床表现。严重者全身皮肤均可受到侵害，感染起始于头部、口周围和耳朵附近，继而发展至肢端和腹下。病兔表现大面积脱毛、剧烈脱屑、瘙痒和消瘦，终因衰竭而死。在被侵部位呈现圆形痂，痂块下疮腔呈鲜红色，深达肌层。3 周左右痂皮脱落，呈现小的溃疡，造成毛根和毛囊的破坏。如继发金黄色葡萄球菌或链球菌感染，则常引起毛囊脓肿，病兔皮肤也可出现环形、被覆珍珠灰（闪光鳞屑）的秃毛斑和皮肤炎症。

（3）病理变化：病死兔的皮下，无肉眼可见病变。病死兔内脏切片镜检，不易见异常病变。皮肤病理组织学观察发现，上皮细胞过度角化，真皮层增厚，炎性细胞弥漫性浸润。

（4）诊断：根据病兔临床表现和病死兔剖检病变，即可获初诊结果，但要确诊，必须进行实验室诊断。本病需与寄生虫病（疥螨病、痒螨病）、中毒病（发霉饲料中毒症）、营养病（营养性脱毛症、锌缺乏症、镁缺乏症、脚皮炎、湿疹）、季节性换毛、孕兔拉毛相鉴别。

（5）治疗：对本病的治疗首先用软肥皂水洗拭，除去痂皮，然后用下列药品涂抹：

①克霉唑癣药水或克霉唑软膏，均匀涂擦患部，日 3～4 次，直至痊愈。

②10％水杨酸酒精或 5％～10％硫酸铜溶液涂擦患部，直至痊愈。

③制霉菌素软膏或 2％福尔马林软膏涂布患处，日 3～4 次，至痊愈。也可口服或注射两性霉素 B、克霉唑片、灰黄霉素等。

（6）预防

①严禁引种时带入传染源。选择到无皮肤真菌病的兔场引种，对引入的种兔，要隔离饲养，并观察产出的仔兔有无感染，证明确无皮肤真菌病菌存在时，才可进入种兔群饲养。

②要经常检查兔体被毛和皮肤状态，发现病兔立即隔离、治疗或淘汰。

③病死兔一律深埋或烧毁，做无害化处理，严禁食用。

④坚持消灭鼠类和吸血昆虫。

⑤兔舍、兔笼和用具，以及兔体应保持清洁卫生。注意通风换气，加强日常的卫生管理，做好消毒工作，是防病的重要手段。

⑥消灭体外寄生虫，定期对兔群用配制的咪康唑溶液进行药浴。

⑦加强对兔群的饲养管理，禁喂发霉的干草和饲料，不用发霉的稻草垫产仔箱，杜绝草、料等带入致病性真菌。

⑧在日粮中，适量添加富含维生素 A 的青饲料等，可提高兔群抗病力。

14. 胃肠炎

兔胃肠道黏膜及其下层组织发生炎症并引起一定程度的毒血症称为胃肠炎。各品种、年龄的长毛兔都易发病，尤以幼长毛兔发病率高、死亡率高。

（1）发病特点：由于饲养管理不善，饲草不清洁，饲料配合不当以及其他对胃肠道有害刺激都能引起发病。特别是在雨季，兔舍潮湿，饲草沾污泥水常可致病。断奶不久的幼兔体质较差，常因贪食过多的草料而发生胃肠臌气，继发胃肠炎。另外，兔吃了腐败变质的草料、冰冻的饲料以及误食了有毒植物，也都会发生胃肠炎。

（2）临床症状：患兔食欲减退，精神不振，常卧伏于兔笼一角。随着炎症的加剧,患兔食欲废绝,腹围增大,肠管臌气,肠音响亮。通常先便秘,后拉稀。粪便有的呈绿黑色水样,带恶臭味,也有的呈灰白色胶冻样或带黄色黏液和气泡的稀粪。尿液呈乳白色、酸性。病兔脱水、消瘦。病程 1～7 天。剖检可见胃内充满食物,胃黏膜脱落。盲肠常臌气。有的回肠、盲肠、结肠内容物较稀并有胶冻样的物质。实质脏器一般正常。

(3)病理变化:胃肠道卡他性炎症,黏膜增厚、充血、内容物呈黄绿色。胃肠深层炎症时,肠黏膜易剥脱、出血,肠壁变薄。

(4)诊断:根据临床症状和死兔的剖检结果即可确诊。

(5)治疗:磺胺脒和小苏打,每次各 0.25～1.0 克;或内服土霉素粉 0.1～0.25 克,每天 3 次。严重者应静脉注射葡萄糖盐水 20～40 毫升,并配合四环素 0.125 克。

(6)预防:加强饲养管理,严禁饲喂腐败变质饲料。根据气候情况,合理饲喂青绿饲料,保持兔舍清洁干燥。对断奶不久的仔兔,一方面定时定量给予优质饲料,另一方面要适当给予抗生素等药物进行预防。

15. 便秘

便秘是粪便在肠道内秘结、阻塞不通,长毛兔偶有发生。

(1)发病特点:主要是饲养管理不当所致。喂料过多而又缺乏饮水,缺乏运动,特别是饱食后运动不足,青饲料占比例太少或缺乏,草质低劣,草中含过多泥沙,精料过多及热性病等,都会使胃肠蠕动机能减弱,胃肠分泌液减少,粪便在肠道内停留过久而变得干硬,进而阻塞。毛球病等也可使肠道发生阻塞性便秘。

(2)临床症状:病兔食欲减退或废绝,肠音减弱或消失。初期排少量粪便,干硬而小,以后停止排粪。有时出现腹痛症状,回头顾腹,舔啃肛门。肚腹臌胀、臌气或充实。触摸腹部,可摸到较粗大而坚硬充实的阻塞部位。病兔有不安的反应。

（3）病理变化：剖检时可发现结肠和直肠内充满干硬成球的粪便，前部肠管有积气。

（4）诊断：触诊腹部有痛感，且可摸到坚硬的粪块，肛门指检过敏。

（5）治疗：对病兔治疗期间要绝食，但要给予充足的饮水，成年长毛兔用人工盐5～6克或硫酸钠（镁）5～6克，加温水20毫升灌服（幼兔酌减）；液体石蜡或食用油10～20毫升、蜂蜜10毫克，灌服；果导片，成年兔1片，喂服，温肥皂水或液体石蜡20～50毫升灌肠，灌后稍停片刻，进行腹部按摩或挤压，促进肠胃运动，改变阻粪状态，有利于治疗。

（6）预防：青粗饲料合理搭配，定时定量饲喂，防止饥饱不均，供给充足的饮水，注意适量运动，积极治疗原发病的热性病，就可有效的防止本病发生。

16. 腹泻病

腹泻是仔长毛兔最常见的疾病之一，俗称拉稀。由于本病易引起脱水，如不及时治疗，就会引起死亡。

（1）发病特点：多为饲养管理不当造成，如突然更换饲草饲料，不定时定量饲喂，贪食过多，断奶过早，断奶后过多采食不易消化的饲草饲料，饲喂霉变饲料或冰冻饲料，饲料和饮水不卫生，饲料品质低劣，过多采食后消化不良，兔舍寒冷潮湿等均可引起腹泻。也可发生于某些传染病、寄生虫病和中毒病等。本病多见于幼长毛兔。

（2）临床症状：根据胃肠黏膜受损程度不同，临床上分消化不良性腹泻和胃肠炎性腹泻。

①消化不良性腹泻：是胃肠黏膜表层炎症引起的腹泻。病兔食欲减退，活泼性降低。排稀软便、粥样便或水样便，经常污染被毛，使其失去光泽。病程长的渐渐消瘦，呈现虚弱乏力，不

爱运动。有的出现异嗜,采食平时不爱吃的东西,如泥沙、被毛或粪尿污染的垫草。有的出现轻度腹胀及腹痛。

②胃肠炎性腹泻:是由胃肠黏膜深层炎症引起的腹泻。病兔食欲废绝,全身无力,精神倦怠,体温升高。腹泻严重的病兔,粪便稀薄如水,常混有血液和胶冻样黏液,放恶臭味。腹部触诊有明显的疼痛反应。由于重度腹泻,体液和电解质丧失而呈现脱水和衰竭状态。如果胃肠内腐败发酵的有毒产物被吸收,可引起自体中毒,此时全身症状剧增,病兔精神沉郁,结膜暗红或发绀,脉搏细弱,呼吸促迫,常因虚脱而死亡。

(3)病理变化:胃肠道呈卡他性炎症,黏膜增厚、充血,用刀子可以刮掉肠黏膜,肠内容物通常呈黄绿色。胃肠炎时,可见肠黏膜剥脱,出血,肠壁变薄,内容物呈红褐色。

(4)诊断:在排除了感染和中毒因素引起的腹泻后,根据症状即可确诊。

(5)治疗:此病治疗越早越好。

①对因吃了含水分过多的青饲料引起的拉稀,每天每只兔可服用锅底灰 30 克,分早、晚两次拌到饲料中喂服。也可用橘子皮 15 克,切成碎末拌入饲料中喂兔,每天 2～3 次,连喂 2～3 天。

②对因吃了不易消化的饲料而引起的拉稀,可取山楂或酒曲,炒干后研为细末,混在饲料中喂兔,每次喂 5～10 克,每天 2～3 次,必要时辅以大蒜、橘子皮,混合到饲料中喂兔,效果更佳。

③对因吃了腐败饲料而引起的拉稀,可取大枣 5 个,甘草 5 克,绿豆 25 克,加水煎汁,待温后喂兔,每天 2～3 次,连喂 3 天。

④对因细菌感染引起的拉稀,可用氯霉素,按 10～30 毫克肌注或静注;或新霉素,按 4000～8000 单位/千克体重,肌注。

诺氟沙星,按 20～30 毫克/千克体重口服等。如严重脱水,可静注葡萄糖盐水等 30～50 毫升、肌注安钠咖液 1 毫升,1 日 2 次,连用 2～3 日。

(6)预防:对本病的预防在于加强饲料管理,不喂腐败、不洁、发霉、冰冻的饲料,不饮不洁饮水,换料逐渐进行,保持兔舍的干燥、通风、温暖等。

17. 密螺旋体病

兔密螺旋体病又名兔螺旋体病,俗称兔梅毒。是由兔密螺旋体所致兔的一种生殖器官慢性传染病,其特征是侵害外生殖器官和颜面部的皮肤及黏膜,发生炎症、结节和溃疡。世界上不少国家和地区发生本病,不仅影响配种,而且还见有流产、产弱仔及无乳症,本病的康复兔缺乏免疫力,还可重新受到感染。

(1)发病特点:病兔是主要的传染源。主要通过交配经生殖道传播,所以发病的绝大多数是成年兔。此外,被病兔的分泌物和排泄物污染的垫草、饲料、用具等也是传播途径。兔局部发生损伤可增加感染机会。这种病菌只对兔和野兔有致病性,对人和其他动物不致病。

(2)临床症状:本病的潜伏期为 2～10 周。患病公长毛兔可见龟头、包皮和阴囊肿大。患病母长毛兔先是阴道边缘或肛门周围的皮肤和黏膜潮红、肿胀,发热,形成粟粒大的结节,随后从阴道流出黏液性、脓性分泌物,结成棕色的痂,轻轻剥下痂皮,可露出溃疡面,创面湿润,稍凹陷,边缘不齐,易出血,周围组织出现水肿。病灶内有大量病菌,可因兔的搔抓而由患部带至鼻、眼睑、唇和爪及其他部位,造成脱毛。慢性感染部位多呈干燥鳞片状,稍有突起,腹股沟淋巴结或腘淋巴结可肿大。患病公长毛兔不影响性欲,患病母长毛兔的受胎率大大降低。病兔精神、食欲、体温、大小便等无明显变化。

（3）病理变化:病变仅限于患部的皮肤和黏膜,多不引起内脏器官的病变。病变表皮有棘皮症和过度角化现象。溃疡区表皮与真皮连接处有大量多形核白细胞。腹股沟淋巴结和腘淋巴结增生,生发中心增大,有许多未成熟的淋巴网状细胞。

（4）诊断:诊断本病可从外生殖器的典型病变做出初步诊断,但确诊应以病原体的检出为根据。

（5）治疗:病兔早期可用新胂凡纳明(九一四)以灭菌蒸馏水配成5％溶液,静脉注射,每千克体重40～60毫克,必要时2周后重复1次。同时用青霉素每日50万单位,分2次肌内注射,连用5天。病变局部用0.1％高锰酸钾溶液或2％硼酸溶液冲洗干净后,涂搽碘甘油或青霉素软膏。

（6）预防

①兔场要严防引进病兔。新引进的兔必须隔离观察1个月,确定无病时方可入群。

②配种时要详细进行临床检查或做血清学试验,健康者方可配种。

③对病兔立即进行隔离治疗,病重都应淘汰。彻底清除污物,用1％～2％火碱或2％～3％的来苏儿消毒兔笼和用具。

18. 炭疽

炭疽是由炭疽杆菌引起的各种家畜、野生动物和人类共患的急性败血性传染病。炭疽是一种古老传染病,分布于世界各地,以亚洲、非洲和南美洲等热带、亚热带地区多见。炭疽曾对畜牧业发展和人类健康,造成巨大危害。近30年来,炭疽的发病率虽呈下降趋势,但至今仍未被消灭,时有散发和小范围暴发流行。

（1）发病特点:炭疽虽全年均可发生,但有明显的季节性,多见于炎热多雨或炎热干旱季节。发病兔是主要传染源,其次是带菌兔。传播主要通过采食被污染的饲料、饲草和饮水,经消化道感染;还可经呼吸道、吸血昆虫叮咬及皮肤损伤而感染。

在自然条件下,感染谱很宽。草食动物易感(其中绵羊、山羊和牛最易感),马、骡、驴、水牛、骆驼和鹿次之,猪易感性较低,犬、猫易感性最低。家禽、鸟类一般不感染。野生动物中,羚羊、野牛最易感,野马、象、长颈鹿和河马也可感染发病,野鼠中鼬鼠很易感,而狼、虎、狮、猫和熊等肉食和杂食动物,常因吞食病死动物尸体而感染发病、死亡。毛皮动物中,水貂、紫貂、海狸鼠和兔易感,北极狐和银黑狐次之。

本病发病年龄无明显特异性,不同年龄、性别和品种的兔均易感,但幼龄兔较老龄兔易感,发病率和病死率均高;品种的纯度越高,发病率和病死率越高。

(2)临床症状:潜伏期长短不一,一般为 1～5 天,最短者为 10～12 小时,最长者可达 14 天。

病兔体温多为 36～38℃,精神萎靡,缩成一团,昏睡、不食、不饮,口鼻多流出清而稀的黏液,附于口、鼻周围。严重者颈、胸、腹下出现水肿,少数病兔出现头部水肿,切开水肿部流出微黄白色水肿液。凡出现水肿者,多转归死亡。

(3)病理变化:病死时间较长的兔,水肿液呈胶冻样,水肿最厚达 2 厘米以上;肺脏轻度充血;心肌松软,心血呈酱油样;肝脏充血,胆囊肿大,并充满黏稠胆汁;脾脏稍显萎缩;其他脏器均未见异常。

(4)诊断:首先,兔炭疽的表征,如水肿、血尿和血便等,与兔巴氏杆菌病很相似,而兔巴氏杆菌病一般无急性脾肿大。另外,取病死兔肺组织或血液涂片,染色,镜检,发现带荚膜呈短链的革兰阳性大杆菌,可作为诊断兔炭疽的依据。其次,需鉴别的兔病是兔恶性水肿。兔恶性水肿为创伤感染,肿胀由创口向四周迅速蔓延;触诊患部,可闻捻发音;取渗出液染色,镜检,可发现菌体粗大、两端钝圆的革兰阳性腐败梭菌,无荚膜,故不难区别。再者,鉴别诊断时还应考虑中毒性疾病。中毒性疾病不仅有中毒史,而且至少在病初不发热,故也较易区别。排除相似疾病后,即可获初诊结果,但要确诊,必须进行实验室诊断。

(5)治疗:病死兔必须立即深埋或烧毁,严禁剥皮和吃肉。病兔必须及时严格隔离,并进行相应的抢救疗法:

①抗炭疽血清疗法:皮下注射抗炭疽血清,成年兔为15～20毫升,幼龄兔为5～10毫升。必要时,24小时后可重复一次,疗效较佳。预防量减半。

②抗生素疗法:首选青霉素,每只肌内注射20万～40万国际单位,每天2次,连用2～3天。遇到耐药菌株疗效不佳时,可选用环丙沙星、先锋霉素(头孢菌素)、四环素、强力霉素(多西环素)、卡那霉素、丁胺卡那霉素、金霉素和氟苯尼考等治疗,疗效均佳,但前提是尚未用过,才能选用。

③被污染的场地和笼具,选用20%漂白粉溶液或5%硫酸石炭酸合剂彻底消毒;被污染的无应用价值的物品,一并焚烧处理;铲除地面表层土,用1份漂白粉和3份土混合消毒,以消灭病原,切断传播途径。

④对假定健康兔群,除加强饲养管理,提高非特异性抗病力外,可选用环丙沙星和丁胺卡那霉素群防群治,交替应用,连用2～3天。

(6)预防

①炭疽常发地区和受威胁地区,要加强兽医检疫、检测和卫生监督。

②凡不明死因的动物尸体,严禁剥皮和食用,须经兽医人员检验后,再做处理。

③抗菌药群防群治,可选用环丙沙星、强力霉素或氨苄青霉素等抗生素,连用3~5天。

④饲养人员要严格遵守个人防疫制度,以防感染、发病。

⑤一定要抓好消毒工作,定期消毒,选择有效的消毒剂,并适时更换,保证消毒效果。

总之,当疫情发生后,应立即采取上述应急综合防控措施,把经济损失降低到最低限度,以利于迅速恢复生产。

19. 破伤风

破伤风又名强直症,俗名"锁口风"或"破皮风",是由破伤风梭菌所引起的一种急性、创伤性、中毒性、细菌性传染病,也是一种人兽共患病。此病在我国各地都有散发。

(1)发病特点

①带菌兔是主要传染源。感染源广泛存在,施肥的土壤和腐臭污泥是破伤风梭菌芽孢存在之处,芽孢通过带菌兔的粪便扩散。

②创伤或外伤污染是破伤风的主要入侵途径。感染常见于各种创伤,如断脐、去势、手术和产后感染等;在临诊上,有些实例查不到伤口,可能是创伤已愈合,或可能经损伤的子宫、消化道黏膜感染。

③无明显特异性,见于各个年龄段,幼龄兔比成年兔多发。

④一般无严格的季节性,一年四季均有发生,但以春、秋季多发,潮湿、多雨季节发病也较多。

⑤消毒不严格或伴有污染土壤感染的伤口,感染机会较大,深部的创伤危险性增加。

⑥破伤风多呈散发性,但在某些地区,在一定时间内,可出现群发性。在某些地区,破伤风的发生还与温度有关,破伤风多发于热带,在温带多呈散发。

（2）临床症状：潜伏期长短不一，通常为4～20天。病初，病兔食欲减少，继而废绝，牙关紧闭，流涎，四肢强硬，卧地不起，角弓反张，并有臌气表现，公长毛兔睾丸发热、肿大，病兔以死亡告终。

（3）病理变化：兔死后剖检，内脏无明显病变，仅见因窒息所致的病变，如血液凝固不良，呈黑紫色，肺充血和水肿，黏膜和浆膜散布数量不等的小出血点。

（4）诊断：根据病兔临床表现和病死兔剖检病变，即可获初诊结果，但要确诊，必须进行如下实验室诊断。本病需与急性型巴氏杆菌病、脓毒败血型葡萄球菌病、李氏杆菌病、兔病毒性出血症、有机磷农药中毒症、脑膜脑炎、食盐中毒相鉴别。

（5）治疗

①静脉注射破伤风抗毒素，每天1万单位，连用2～3天。

②肌内注射青霉素，每天20万单位，分2次注射，连用2～3天。氨苄青霉素、羧苄青霉素均可选用，还可选用卡那霉素、丁胺卡那霉素和庆大霉素等。

③静脉注射葡萄糖，氯化钠50毫升，每天2次。

（6）预防

①平时要注意饲养管理和环境卫生，严防外伤。在进行阉割手术时，要注意器械的消毒和无菌操作。

②一旦发生外伤，要及时处理，防止感染。

③对较大、较深的创伤，除做外科处理外，应肌内注射破伤风抗血清1万～3万国际单位。

20. 仔兔黄尿病

仔兔黄尿病是仔兔吃了患乳房炎母长毛兔的乳汁引起的一种急性肠炎，全窝发病死亡率很高。

（1）发病特点：该病主要发生于开眼前的仔长毛兔，往往全窝发病。

（2）临床症状：仔兔感染后，表现昏睡、肢体发凉，后肢及肛门周围污染带有腥味的黄色尿液，发病2～3天后，仔兔陆续死亡，且死亡率极高。

（3）病理变化：剖检见肠黏膜（尤以小肠）充血、出血，肠腔内充满黏液。

（4）诊断：根据临床症状即可诊断。

（5）治疗：对患病仔长毛兔，口服庆大霉素或氯霉素注射液，每日2次，每只每次2～3滴，连服3日即可治愈。母长毛兔口服复方新诺明，每天1片，连续3天。母长毛兔减料添草，不让奶水过浓。

（6）预防

①母长毛兔在配种前要注射兔葡萄球菌疫苗，以使仔长毛兔出生即带有较高的母源抗体，从而具有对该病的抵抗力。

②调整哺乳母长毛兔饲料配方，初产母长毛兔要多喂一些青绿多汁饲料，以避免乳汁过浓而引起母长毛兔发生乳房炎，也可避免仔长毛兔吮吸过浓乳汁引起消化不良而发生肠炎。

③仔兔哺乳前每只口服氯霉素滴眼液2～3滴，可有效预防仔长毛兔黄尿病的发生。

④在母长毛兔产仔后用大黄藤素针剂1支（每只2毫升）一次臀部肌内注射。注射过大黄藤素的母长毛兔所喂养的仔长毛兔发育正常，毛皮有光泽，排尿液呈清水样，无任何颜色和沉淀物，母长毛兔在哺乳期间不会发生乳房炎。

⑤在母长毛兔产前7天，每天肌内注射链霉素1次，每次1毫升，连用3天。

⑥发现哺乳母长毛兔患乳房炎后，仔兔应由其他母长毛兔代哺乳或人工喂养。

21. 感冒

感冒又称伤风,是由寒冷刺激引起的以发热和上呼吸道黏膜表层炎症为主的一种急性全身性疾病。长毛兔冬季采毛后未采取有效的保温措施,极易引发此病。

(1)发病特点:感冒多由于气候骤变,温度急剧下降,环境潮湿,通风不良,兔舍内氨浓度过大,贼风侵袭,过度拥挤,遭受雨淋或药浴后受冷等,使兔呼吸道黏膜受到刺激,抵抗力降低,感染病原微生物而发病。春秋季节及冬季多发。

(2)临床症状:本病以发病急、发热为主要特征。主要表现为轻症咳嗽,打喷嚏,流鼻水或浓稠涕,食欲减退;重症体温在40℃以上,精神沉郁,呼吸困难,拒食,常并发气管炎或肺炎等。体质好的兔3~5天能自愈。部分可转化为支气管肺炎、肺炎等。

(3)诊断:根据有受寒和天气突变的病史,突然发病及发热流涕等症状可以做出初步诊断,在排除了肺炎及传染性疾病后,可以确定为本病。

(4)治疗:对病兔应加强护理与保暖。高热病例可用解热药物,如复方氨基比林2毫升,肌内注射,每天1次,连用2天;安乃近半片,内服,每天2次;安痛定0.5毫升、柴胡注射液0.5毫升,肌内注射,每天2次,连用2天。为防止继发感染,配合使用抗菌消炎药物,如青霉素、链霉素各10万~20万单位,肌内注射,每天1~2次,连用2~3天;20%磺胺嘧啶钠注射液2毫升,肌内注射,每天1次,连用2~3天;卡那霉素20万单位,肌内注射,每天2次,连用2~3天;也可用银翘解毒片2片,投服,每天3次,连用3天。

(5)预防:气候突变时要注意防寒,防雨淋;冬季兔舍注意保暖,防贼风侵袭;剪毛与药浴时要选天气晴朗温和时进行。

22. 中暑

中暑包括日射病和热射病,是由于兔受到强烈日光直射或过热引起中枢神经系统、血液循环系统和呼吸系统机能严重失调的综合征。此病多发生于炎热的夏季。

(1)发病特点:长毛兔汗腺很少,几乎仅分布于唇的周围,是依靠呼吸散热的家畜之一。而兔肺并不发达,呼吸强度较低,因此,在夏季高温季节,若不注意防暑降温,对长毛兔的生长繁殖将非常不利,严重时会引起中暑甚至死亡。

(2)临床症状:发生中暑的初期,患兔精神不振,食欲减退或废绝,步态不稳,呼吸加快,体温升高,触诊体表有灼热感,可视黏膜潮红,口流涎。继续发展或严重病例兴奋不安,盲目奔跑随后倒地痉挛或抽搐,虚脱昏迷死亡。

(3)诊断:主要根据临诊症状和天气状况、环境条件做出诊断。

(4)治疗:发现中暑病兔,应立即采取急救措施,首先将病兔转移到通风阴凉处,用湿毛巾或冰块冷敷头部;耳静脉放血,防止脑部和肺部充血;饮淡凉盐水或灌服淡盐水;口服仁丹3～5粒、十滴水3～5滴;并进行相应的支持疗法。

(5)预防

①兔舍搭遮阳棚,保证通风,控制饲养密度,长毛兔要提前剪毛。

②在水泥板或兔笼承粪板上适当洒水。

23. 乳房炎

乳房炎是乳房呈现硬、肿、热、痛或化脓性炎症反应的一种疾病,多发生于产后5～20天的哺乳母长毛兔。

(1)发病特点:兔乳房炎的病因主要有两种。一是母长毛兔分娩前后饲喂精饲料过多,乳汁分泌过多、过浓,而新生乳兔吸吮力弱,过浓的奶汁又难以吸出,致使残留在乳房内的乳汁过多而形成乳房炎。二是乳兔吮乳时咬破母长毛兔乳头,或因笼、箱的铁丝、铁钉等尖锐物损伤乳房的皮肤感染细菌(主要致病菌是金黄色葡萄球菌和链球菌)而发炎。

(2)临床症状:病兔的乳房局部肿胀、充血,部分乳头焦干,皮肤紧张发亮,触之发热,有痛感;皮肤淡红色、红色或蓝紫色,又称蓝色乳房;病兔拒绝哺乳,神态紧张,弓背不安,从巢箱里跳进跳出,不让乳兔吃奶;患兔精神沉郁,体温 40～40.6℃,食欲减退或废绝。有的炎症蔓延至所有乳房,体温高达 41℃以上,因败血症而死亡,病程 2～3 天。不死者,因体温升高,泌乳停止,使乳兔挨饿甚至饿死。有的病乳房附近皮下形成脓肿。

(3)诊断:根据临床症状即可诊断。

(4)治疗:发现哺乳母长毛兔患病后,应隔离仔兔,仔兔由其他母长毛兔代哺乳或人工喂养。

①对轻症乳房炎,可挤出乳汁,局部涂以消炎软膏,如 10% 鱼石脂软膏、10%樟脑软膏、氧化锌软膏和碘软膏等。

②局部封闭疗法,如用 0.25%～1%盐酸普鲁卡因液 5～10 毫升,加少量青霉素,平行腹壁刺入针头,注射于乳房基部。

③发生脓肿时,应及早纵行切开,排出脓汁,然后用 3%过氧化氢等冲洗,按化脓创治疗。深部脓肿,可用注射器抽出脓汁,向脓肿腔内注入青霉素。

④为防止全身败血症,可应用青霉素类药物。愈后不宜再用作繁殖母长毛兔。

(5)预防

①根据母长毛兔体型大小、肥瘦及乳房充盈程度,决定饲喂量。母长毛兔产前 2～3 天,应适当减少精料,以避免乳汁过浓而引起母长毛兔发生乳房炎,也可避免仔长毛兔吮吸过浓乳汁

引起消化不良而发生肠炎。

②要清除兔箱、兔笼内的尖锐物,防止损伤皮肤。

③在母长毛兔产仔后用大黄藤素针剂 1 支(每只 2 毫升)一次臀部肌内注射。注射过大黄藤素的母长毛兔所喂养的仔长毛兔发育正常,毛皮有光泽,排尿液呈清水样,无任何颜色和沉淀物,母长毛兔在哺乳期间不会发生乳房炎。

④在母长毛兔产前 7 天,每天肌内注射链霉素 1 次,每次 1 毫升,连用 3 天。

24. 妊娠毒血症

妊娠毒血症是由于碳水化合物和挥发性脂肪酸代谢障碍而发生的以神经机能受损、共济失调为特征的一种代谢病,多发生于产前 4～5 天或分娩过程中,为母长毛兔怀孕后期的一种常见多发病。其死亡率较高,对妊娠母长毛兔危害较大。

(1)发病特点:发病原因尚不十分清楚。许多因素如品种、年龄、肥胖、经产胎次、运动不足及环境的变化,均可导致内分泌机能异常,造成营养失调而发病。流产、死产、遗弃仔兔、吞食仔兔、胎儿异常和子宫肌瘤等,造成生殖机能障碍时也易发病。妊娠后期胎儿生长迅速,母长毛兔对葡萄糖的消耗较多,如果日粮中含蛋白质和脂肪过多而糖不足时,机体就不得不动用体内脂肪。脂肪动用过多,氧化不全的产物丙酮、β-羟丁酸、乙酰乙酸等便在体内蓄积而发病。

(2)临床症状:发病轻者,一般无明显临床症状,临床不易发现。重者,表现精神沉郁,食欲减少或废绝,心跳加快,呼吸困难,呼出气似烂苹果味,尿量减少。随后出现共济失调、惊厥及昏迷等神经症状。发病后常迅速死亡,死前发生流产。实验室检查,血液非蛋白氮显著升高,血钙减少,血磷增多,血、尿酮体检验呈阳性。剖检可见母长毛兔肥胖,乳腺分泌旺盛,肝脏、肾脏、心脏色淡,脂肪变性,脑垂体变大,肾上腺及甲状腺变小、苍白。

(3)诊断:根据症状及病史,结合血液学检查可确诊。

(4)治疗:发病轻者,改善饲养管理,多能自愈。发病重者,应给予及时治疗。治疗原则为保肝解毒,维护心脏、肾脏功能,提高血糖,降低血脂。可内服甘油和葡萄糖或白糖,静脉注射10％葡萄糖溶液、维生素 C,肌内注射维生素 B_1、维生素 B_2 等,均有一定疗效。同时应用可的松类激素药物来调节内分泌机能,促进代谢,可提高治疗效果。

(5)预防:加强饲养管理,保证全价日粮,适当提高多种维生素的添加量,尤其在妊娠后期应供给富含蛋白质和碳水化合物的饲料,不喂腐败变质饲料,避免饲料种类的突然更换和其他的应激因素。饲料中添加葡萄糖,可防止酮血症的发生和发展。

25. 食毛症

食毛症是一种营养代谢性疾病,主要发生在冬季和春季,特别是在气候忽冷忽热时,最容易发生。

(1)发病特点:食毛症分误食、自食和互食三种。因春秋两季换毛期时,绒毛往往飞落到饲料或饮水中,使兔误食;饲养管理不当,如兔笼狭小、拥挤、营养缺乏(如钙、磷等矿物质、维生素饲喂不足),常引起兔互相咬毛或吃毛;当患有皮炎和疥癣时,因皮肤发痒而啃毛。食毛久者易患小肠阻塞症(毛球病)。

(2)临床症状:兔表现精神不振,食欲不好,异嗜,喜卧,爱喝水,腹部膨大,消瘦,大便秘结,粪便内混有兔毛,腹部触诊可触摸到多量毛球。当毛和饲料纤维缠结在一起、毛球过大时,阻塞肠管,引起肚疼,造成死亡。

(3)诊断:根据临床粪便混有兔毛和腹部触诊可触摸到多量毛球即可确诊。

（4）治疗：对发病兔首先要灌服石蜡油 15～20 毫升，每 4 小时一次，同时进行温肥皂水深部灌肠，每天两次，以除去胃内的毛球（也可口服多酶片 4～5 片，每天 1 次，连服 5～7 天，使毛球逐渐酶解）。然后除补充维生素和增喂青绿饲料外，饲料中加入 5% 石膏粉，连喂 10～15 天即可。严重病兔口服胱氨酸片每次 1～2 片，每天 2～3 次，连喂 5～7 天即可。

（5）预防：平时加强饲养管理，把脱落的毛及时捡起来，严防混入饲料中被兔吃进。合理搭配日粮，满足兔对维生素、矿物质、含硫氨基酸的需要。给予易消化的饲料，兔的日粮中加入 1% 的硫酸钙和 0.2% 的胱氨酸、蛋氨酸，成年长毛兔和青年长毛兔饲料中粗纤维应不少于 15%。同时，长毛兔的笼舍要宽敞，防止相互咬毛。

26. 有机磷农药中毒

有机磷农药是我国目前应用最广泛的一类高效杀虫剂，引起兔中毒的主要农药有 1605、内吸磷（1059）、马拉硫磷（4049）、敌敌畏、乐果、马拉松、倍硫磷、杀螟松和二嗪农（地亚农）等，这类药物是一种神经性毒剂，虽杀虫范围广，但对人、畜、禽都有很大毒性。由于这些药使用较普遍，发生中毒也较多。

（1）发病特点：兔中毒多是由于采食了喷洒过有机磷农药的蔬菜、青草、粮食等引起，有些则是由于用敌百虫治疗体表寄生虫病时引起的。当有机磷农药经消化道或皮肤等途径进入机体而被吸收后，则使体内乙酰胆碱在胆碱能神经末梢和突触部蓄积而出现一系列临床症状。

（2）临床症状：兔常在采食含有有机磷农药的饲料后不久出现症状，初期表现流涎，腹痛，腹泻，兴奋不安，全身肌肉震颤、抽搐，心跳加快，呼吸困难等症状，严重者表现可视黏膜苍白、瞳孔缩小，最后昏迷死亡。轻度中毒病例只表现流涎和腹泻。

（3）病理变化：病变急性中毒病例，剖开肠胃，可闻到肠胃内容物散发出有机磷农药的特殊气味，胃肠黏膜充血、出血、肿胀，黏膜易剥脱，肺充血水肿。

（4）诊断：根据典型的症状、胃内容物的蒜臭味和毒物调查一般可以做出诊断。确诊需检测胃内容物或饲草、饲料中有无有机磷农药。

（5）治疗：有机磷农药中毒后必须迅速抢救。首先，阻止药物继续进入体内，迅速排出胃内容物，并用特效解毒剂及时对症治疗。早期应用 0.1% 硫酸阿托品，每只兔皮下注射 1～2 毫升，隔 3～4 小时重复注射一次；磺解磷定（或双复磷）每千克体重 20～40 毫克，维生素 C 0.025 克和 10% 葡萄糖注射液 50 毫升，混合静脉注射。

（6）预防：喷洒过有机磷农药尚有残留的植物和各种菜类不能用来喂兔。用有机磷药物进行体表驱虫时，应掌握好剂量与浓度，并加强护理，严防舔食。

27. 食盐中毒

食盐是动物体必不可少的营养素，适量的食盐可增进食欲，帮助消化。因此，长毛兔日粮中常加入 0.3%～0.5% 的食盐。但饲喂过多，可引起中毒，甚至死亡。临床上以神经症状和一定的消化机能紊乱为特征。

（1）发病特点：饲料中食盐含量过高，如鱼粉、咸鱼等，或在饲料中加盐过多，以至采食了过多的盐分而又饮水不足时造成中毒。另外，饲料中添加食盐时搅拌不匀，治疗疾病时盐类药物用量过大等，也易发生食盐中毒。

（2）临床症状：病初食欲减退，精神沉郁，结膜潮红，下痢，口渴。继而出现兴奋不安，脱水，少尿，头部震颤，步样蹒跚。严重的呈癫痫样痉挛，角弓反张，呼吸困难，最后卧地不起，意识紊乱,昏迷而死亡。

（3）病理变化：剖检病兔胃肠黏膜出血性炎症,肝脏、脾脏、肾脏肿大。

（4）诊断：根据病史、临床症状和剖检病变一般可做出诊断,必要时可将病料和饲料送往实验室检验氯化钠含量。

（5）治疗：发现食盐中毒后立即停喂含盐饲料,早期应勤饮水,中后期控制饮水,防止发生水中毒。药物治疗可内服油类泻剂 5~10 毫升,静脉注射葡萄糖酸钙 10~20 毫升。配合解痉、镇静等对症疗法进行治疗。

（6）预防：针对病因加强饲养管理,搞好饲料配合,日粮中的含盐量不应超过 0.5%。对含盐饲料按其含盐量及兔食盐需要量计算合适后添加,搅拌均匀,并供足饮水。

28. 马铃薯中毒

马铃薯又名土豆,其嫩绿茎叶、外皮,特别是胚芽里含有的龙葵素,是一种弱碱性糖苷,可溶于水,具有腐蚀性和溶血性。在马铃薯茎叶中,尚含有 4.7% 硝酸盐,处理不当时,也能引起亚硝酸盐中毒。长期食用马铃薯新鲜茎叶、发芽薯块或腐烂马铃薯,均能引起兔中毒。

（1）发病特点：发芽的或腐烂的马铃薯,以及由开花到结有绿果的茎叶含毒最多,兔大量采食后,极易引起中毒。此外马铃薯茎叶内尚含有硝酸盐,当转化为亚硝酸盐时,也可导致中毒。据报道,在腐败、发霉的马铃薯中还含有一种腐败毒,也有毒害机体的作用。

（2）临床症状：潜伏期长短不一,短者数十分钟至数小时,长者可于饲喂后 3~4 天发病。严重病例多以神经系统功能障碍为主,而轻型或慢性型常以胃肠炎症状为主。

病初,病兔精神沉郁、腹泻、流涎、呕吐、便秘或便血,有时病兔腹胀,在腿部、腹下和颈部会出现皮疹。重症病兔狂躁不安,昏迷或抽搐,四肢麻痹。最后,导致心力衰弱而亡。

(3)病理变化:病死兔尸僵不全,血液呈暗红色、凝固不良,皮肤呈现红紫斑,可视黏膜苍白或微黄染。消化道,尤其是胃和小肠黏膜出血、糜烂,肠系膜淋巴结肿大、出血。慢性型病死兔直肠多呈黑色皮革状。心、肝、脾、肾等实质脏器,都有程度不等的出血、肿大、变性或小灶性梗死。

(4)诊断:根据病史调查(有采食出芽、腐烂的马铃薯或其青绿茎叶的病史),结合临床表现,即可初步诊断。剩余饲料、胃内容物等样品糖苷生物碱的定量分析,为确诊提供依据。

(5)治疗:一旦发生中毒,立即停喂马铃薯类饲料。对中毒兔口服硫酸钠 2～6 克,鞣酸蛋白 0.3～0.5 克。中毒严重兔,静脉注射 10%硫代硫酸钠 5～10 毫升。同时根据病情,采取适当的对症治疗。

(6)预防:用马铃薯作饲料时,喂量不宜过多,应逐渐增加喂量,尤其是鲜嫩的茎叶不宜作长毛兔的饲料,如要利用,先用开水烫过后方可做饲料。不宜饲喂发芽或腐烂的马铃薯,如要利用,则应煮熟后再喂。煮过马铃薯的水,内含多量的龙葵素,不应混入饲料内。

29. 菜籽饼中毒

菜籽饼是油菜籽榨油后剩余的残品,是富含蛋白质等营养的饲料,我国一些地区广泛用于饲喂兔。但菜籽饼中含有多种有毒物质,若大量饲喂或长期饲喂不经去毒处理的菜籽饼,即可引起中毒。

(1)发病特点:在菜籽饼中含有芥子苷、芥酸、芥子酶等成分,含毒量多少因品种、油脂加工工艺及土壤含硫量多少而有较大差异。芥子苷在芥酸的作用下,可水解形成嚼唑烷硫酮、异硫氰酸盐等毒性很强的物质,这些物质对胃肠黏膜具有较强的刺激和损害作用,可使甲状腺肿大、新陈代谢紊乱、血斑,并影响肝脏等器官的功能。一般菜籽饼可占兔日粮的5%,若采食量过大或未经脱毒处理即可引起中毒。

(2)临床症状:中毒长毛兔表现精神沉郁,食欲减少或废绝,尿少黄赤,呼吸迫促,可视黏膜发绀,肚腹胀满,有轻微的腹痛表现,腹泻或便秘,粪便中带血。严重者不安,视觉障碍,口流白沫,瞳孔散大,末梢部发凉,全身无力,站立不稳,以至发生血红蛋白尿,病兔常因虚脱而死亡。孕兔可能发生流产。

(3)病理变化:剖检可见胃肠黏膜充血、有点状或小片状出血。肾脏、肝脏等实质脏器肿胀、质地变脆。出现肺气肿和肺水肿。

(4)诊断:本病根据食入菜籽饼后发病,且有特征性的症状即可确诊。

(5)治疗:发现中毒后,立即停喂菜籽饼,根据病长毛兔的表现,采取支持和对症治疗。灌服0.1%高锰酸钾溶液、浓茶水,也可将茵陈30克、茯苓15克、泽泻15克、当归10克、白芍10克、甘草10克煎汁,分2次灌服。病重兔可静脉注射10%葡萄糖溶液10～20毫升、维生素C5毫升。

(6)预防:平时饲喂菜籽饼时应与其他日粮搭配使用,严格控制用量,同时增加维生素和微量元素的量。有条件时最好对菜籽饼进行去毒处理,最简便的方法是浸泡煮沸法(粉碎,高温蒸煮1小时以上,除去上层液体),坑埋法(与水1:1混合,埋入土坑中60天),也可混以市售菜籽饼脱毒剂,也可使用氨水处理法和碱处理法处理后再饲喂。

30. 棉籽饼中毒

棉籽饼蛋白质含量丰富,含硫多,常用于催肥和营养皮毛,是兔良好的蛋白质饲料之一。但棉籽饼中含维生素 A 和钙少，而且含有一定量的有毒物质，若处理不当或长期过量饲喂，可引起兔蓄积中毒。生长发育快的青年长毛兔和怀孕长毛兔常发。

（1）发病特点：棉籽饼中含有有毒物质游离棉酚，游离棉酚的含量与棉籽品种、产地、棉籽加工工艺有很大关系，以冷轧取油后的棉籽饼含毒量大。兔采食含游离棉酚的棉籽饼，即可发生慢性中毒。生长发育快的青年长毛兔和怀孕长毛兔需要蛋白质量大，吸收毒蛋白质多，因而中毒的机会也多。一般棉籽饼也可占兔日粮的 5%，若采食量过大或未经脱毒处理即可引起中毒。

（2）临床症状：病初精神沉郁，食欲减退，有轻度的震颤。继而出现明显的胃肠功能紊乱，病兔食欲废绝，先便秘后下痢，粪便中常混有黏液或血液；可视黏膜发黄以致失明，体温正常或略升高；脉搏疾速，呼吸促迫，尿频，有时排尿带痛，尿液呈红色。严重者，呻吟，磨牙，抽搐，以头撞地，尖叫，心力衰竭而死亡。母长毛兔屡配不孕，流产；胎儿水肿，出血，颤抖，先天性畸形（歪嘴、瞎眼、缺肢等）。公长毛兔精子活力降低。

（3）病理变化：剖检可见胃肠道呈出血性炎症，胃黏膜严重脱落。肝脏花斑状肿大，肾脏肿大、水肿，皮质有点状出血。肺脏有出血点，膀胱积尿。

（4）诊断：本病根据食入棉籽饼后发病，且有特征性的症状即可初步诊断。必要时可进行实验室检查，尿蛋白阳性，尿沉渣中可见肾上皮细胞及各种管型。

（5）治疗：发生中毒时应立即停喂棉籽饼，并采取支持和对症治疗。尚有食欲者，口服硫酸钠 2～6 克，鞣酸蛋白 0.3～0.5 克，饮用多维电解质或口服补液盐溶液。病情严重者可静脉注射 10% 葡萄糖溶液 20 毫升，维生素 B_1 5 毫克，维生素 C 5 毫升，安钠咖 0.2 克。维生素 A 10 万单位、维生素 D 20 万单位,隔日肌内注射,每天 2 次。

(6)预防:平时应严格限制棉籽饼饲喂量,一般控制在日粮的 5% 以内。有条件时最好进行脱毒处理,如将棉籽饼蒸煮 1 小时,或用 0.1%～0.2% 硫酸亚铁浸泡 24 小时,可有效解除棉酚的毒性。另外,兔饲喂棉籽饼时,日粮中适当增加钙和维生素 A 的量,也可降低棉酚的毒性。

31. 亚硝酸盐中毒

长毛兔食入富含硝酸盐的饲料、饮水,引起高铁血红蛋白症,临床上出现可视黏膜发绀、血液稀薄、凝固不良、高度呼吸困难为特征的中毒病。

(1)发病特点:各种生长茂盛的鲜嫩青草、作物秧苗以及野菜类等均含有大量硝酸盐,当其过久堆放、经雨淋、暴晒、冰冻、踩压,在适宜的条件下,硝酸盐很快被硝化细菌还原为毒性大的亚硝酸盐,被兔采食而发生中毒。兔胃肠道中的细菌也可将硝酸盐还原为亚硝酸盐而中毒。

(2)临床症状:体况好、多食者,发病重、死亡快。表现精神沉郁,食欲废绝,有的口吐白沫,有的腹痛。呼吸急促,逐渐加快,每分钟达 120～160 次。四肢无力,不愿走动,缩颈,蹲伏笼舍一侧,随后不能站立,匍匐在地上或笼中。有的肌肉震颤,闭眼,有的瞳孔散大。体温下降,耳及四肢发凉。全身发绀,耳内侧和上下唇呈青紫色,耳内侧最明显。有的耳苍白,耳静脉由红色变成紫黑色,唇和鼻呈乌紫色。最后衰竭倒地,肌肉战栗,强直性痉挛死亡。

(3)病理变化:剖检,血液暗红(酱油色),稀薄,凝固不良。肺淤血,液体多。心脏淤血,血管充盈,整个心脏大体呈黑紫色。胃黏膜脱落。

（4）诊断：依据发病急、群体性发病的病史、饲料储存状况、临诊见黏膜发绀及呼吸困难、剖检时血液呈酱油色等特征，可以做出诊断。可根据特效解毒药亚甲蓝进行治疗性诊断，也可进行亚硝酸盐检验、变性血红蛋白检查。

（5）治疗：一旦发生中毒，立即用特效解毒剂1%的亚甲蓝解毒，按每千克体重1～2毫克静脉注射。也可用5%的甲苯胺蓝按每千克体重5毫克肌内或静脉注射，10%葡萄糖和大剂量的维生素C也有一定疗效。

（6）预防：青绿饲料应现收现喂，不宜堆放，不宜踩压、冰冻、雨淋，腐烂青草坚决废弃。

32. 脚皮炎

长毛兔脚皮炎是长毛兔养殖中最常见的疾病之一，它虽然不至于立即导致兔死亡，但它发病率高，危害大，一旦发病将给养兔场（户）造成极大的经济损失。长毛兔患脚皮炎后，食欲减退，日渐消瘦，皮毛无光泽、质次，种兔则影响其种用价值，商品兔则影响其毛皮质量，从而带来严重的经济损失，危害极大。

（1）发病特点

①遗传因素：长毛兔脚掌毛虽密，但毛长短，不耐磨，加之频繁踩脚、蹦跳，增加了足底与底板的磨擦频率，容易将踢地部分足毛磨光，伤及皮肤而发炎，导致脚皮炎。

②体型：作种用的长毛兔总体外貌上要求各部分发育良好，比例匀称，给人以平衡和匀称之感。其四肢负重均匀，脚掌部没有突出的负重点，相对而言不易磨掉毛皮，脚皮炎的患病率低。而体型过于肥胖或身躯前窄后宽的兔子，其身躯的承重点往往落在比较集中的几点上，日久天长毛皮容易磨掉，产生脚皮炎。

③兔舍环境：长毛兔体质较弱，抗病力差，且喜好干燥。要注意环境卫生，经常打扫兔舍、兔笼，保持兔舍、兔笼清洁、干燥。

兔舍环境潮湿、阴暗、污浊会导致病原微生物孳生繁殖,若长毛兔脚皮破损,一些病原微生物便趁虚而人,致使长毛兔发生脚皮炎。

④笼底板合理与否:长毛兔以取毛皮为主,为了避免污染、影响毛皮质量和提高劳动生产率,目前饲养时都采用笼养方式。笼底一般多用竹片或铁丝网制成,铁丝网笼底易腐蚀生锈,致使病原微生物繁殖,而竹片笼底制作时多由钉子钉成,钉子外露或突起时可伤及长毛兔的脚掌部;同时,长毛兔脚掌毛短,又喜欢频繁跺脚,而发生磨伤,发生脚皮炎。

(2)临床症状:患兔不愿活动,食欲减退,日渐消瘦,行动轻缓,下肢不敢承重,四肢频频交换支持体重,有时拱背卧笼。检查患兔脚掌,出现脱毛、红斑、化脓,破溃后形成经久不愈、易出血的溃炎并结痂。有的溃炎上皮的真皮可发生继发性细菌感染。

(3)诊断:根据临床症状即可诊断。

(4)治疗:先将患兔放在铺有干燥、柔软垫草(或其他铺垫材料)的笼内。

①用橡皮膏围病灶做重复缠绕(尽量放松缠绕),然后用手轻握压,压实重叠橡皮膏,20~30 日可自愈。

②患部剪毛并消毒,清除坏死组织,3%过氧乙酸清洗后,涂擦磺胺嘧啶、土霉素软膏等,当溃炎开始愈合时,可涂擦 5%龙胆紫溶液,每天 1 次。

③重者外用消毒纱布包好扎,同时注射青、链霉素各 10 万单位,每天早晚各 1 次,直至痊愈。

④严重病例立即淘汰。长毛兔脚皮炎常见多发,虽不致死,但影响感染种兔种用代价和商品兔毛皮质量。

(5)预防

①加强饲养管理,注意兔笼的清洁卫生,清扫笼底要彻底干净,定期用0.3%过氧乙酸喷雾消毒。

②兔笼笼底最好以竹板制成。笼底要平整、钉子无突起、笼内无锐利物。

③免疫注射葡萄球菌苗,每只兔2毫升,1年免疫2次。

第七章　长毛兔产品的采集及加工

第一节　兔毛的形成与生长

1. 兔毛的形成

兔毛形成于胎儿期，是由皮肤生发层细胞增殖而成。最初在表皮生发层出现毛囊原始体，毛囊原始体发育成毛囊。毛囊有初级毛囊和次级毛囊两种。初级毛囊分化、发育早，产生直而粗硬的兔毛；次级毛囊分化、发育迟，产生细而柔软的绒毛。

毛囊原始体开始出现于长毛兔胎儿期第 19 日龄，22～24 日龄大量形成。首先出现于头部，然后为背部、臀部和体侧部，继而不断出现初级毛囊和次级毛囊，28 日龄时毛纤维已开始穿出皮肤表面，数量以头部较多，其次为体侧和臀部。

2. 兔毛的生长

兔毛在体外的生长速度很快。长毛兔兔毛的生长速度，平均每昼夜为 0.6～0.7 毫米。据测定，中系长毛兔生后 1 月龄时，粗毛长度达 4.2 厘米，细毛达 2.8 厘米；2 月龄时，粗毛长度达 7.5 厘米，细毛达 4.5 厘米。剪毛后的成年兔，达到优级品质的被毛长度需 2.5～3 个月。

影响兔毛生长的因素很多，主要有品系、性别、年龄、营养状况和气候条件等。在同样饲养管理条件下，一般以法系长毛兔兔毛的生长速度最快，德系长毛兔次之，中系长毛兔最慢；母长毛兔毛的生长速度快于公长毛兔;在 3 岁龄之前,兔毛的生长速度随年龄增长而增长,此后则随年龄的增加而减缓;高营养水平,特别是供给充足的含硫氨基酸则可明显加快兔毛的生长速度;在良好的饲养管理条件下,寒冷条件可加速兔毛生长,因此冬季采毛量明显高于夏季。

第二节　兔毛的采集与处理

采毛是长毛兔饲养过程中的成果收获,合理的采毛方法不仅可促进兔毛生长,而且可明显提高兔毛质量。

一、采毛时期

青年以上长毛兔的兔毛长到 75 天后,有一些毛囊便停止活动而逐步进入静止期,到达 90 天约有 10%～30% 的被毛都不再生长,此时应及时采毛。

1. 采毛的原因

兔毛的长度已符合纺织要求后,如继续生长会影响全年产毛量;兔毛生长成熟后就易脱落在窝内,长毛兔有整理被毛的习惯,常常把脱落在体表的兔毛吞食到胃里,而易形成毛球病;兔体厚厚的被毛覆盖着全身,造成散热困难,导致兔每天的采食量减少,随之影响兔的消化力,降低兔的抗病能力。因此,从采毛的产量和质量以及保持兔体的健康状况考虑,当兔毛生长到 75～90 天时必须及时采毛。一般一年可采毛 4～5 次。

2. 采毛兔体

幼兔第一次采毛时间取决于幼兔的生长发育状况和气温条件,对生长发育较好的健壮幼兔,在断奶后即可进行采毛,对发育较差的幼兔可延长到 2 月龄后再采毛。

母长毛兔除妊娠期停止采毛外,产仔后即可采毛。但在母长毛兔下次产仔时应有充分时间长出足够的毛,以便母长毛兔产仔前拉毛覆盖仔兔;或者在采毛时留下胸腹部的毛,以便母长毛兔临产前拉毛絮窝之用。

3. 注意事项

采毛的时间要根据气温的变化加以调节,冬季气候寒冷,当寒潮来到时要暂停剪毛,等寒潮过后气温回升,再安排剪毛。而在夏季要缩短剪毛期,以防被毛生长过长,热量难以散发而中暑。

适时采毛还要考虑到养毛期与经济效益的关系。根据兔毛生长规律,养毛期为 90 天者可获得特级毛,70～80 天者可获得一级毛,60 天者可获得二级毛。为满足长毛兔喜欢冬暖夏凉的习性,年剪 5 次的剪毛时间可分别安排在 3 月上旬(养毛期 80 天)、5 月中旬(养毛期 70 天)、7 月下旬(养毛期 60 天)、10 月上旬(养毛期 80 天)和 12 月中旬(养毛期 70 天)。

二、采毛方法

科学的采毛方法能提高兔毛的产量和质量,也有利于兔健康。适当的采毛间隔,有利于毛兔发挥正常的生理功能,减少皮肤病的发生。采毛通常有剪毛和拉毛两种方法。

1. 梳毛

梳毛的目的是防止兔毛缠结,提高兔毛质量,因此剪毛前要先进行梳毛。

梳毛一般采用金属梳或木梳。梳毛时将兔放在采毛台或小桌子上,左手轻抓兔的双耳,右手持梳,先颈后及两肩,再梳背部、体侧、臀部、尾部及后肢,然后提起颈部皮肤梳理前胸、腹部、大腿两侧,最后整理额、颊及耳毛。遇到结块毛时,可先用手指慢慢撕开后再梳理，如果确难撕开时，即可剪除结块毛。

2. 剪毛

剪毛是长毛兔采毛的主要方法。

（1）地面或剪毛台剪毛：剪毛时将梳好毛的毛兔平放在地面或操作平台上，然后用左手抓住兔两耳根部及颈部领皮，兔头朝向前方，右手持剪刀插入毛丛中开始剪毛。

①缺点：这种方法剪毛速度慢，易造成回剪毛多的现象，还容易剪伤兔皮。如果在地面操作，剪毛人员的身体长时间保持一个姿势，很容易疲劳，对身体极为不利，严重影响剪毛效率。

②剪毛步骤：没有统一规格，有的开始剪背毛，也有的开始剪脚毛，可根据各自的习惯和喜好自行选择。

Ⅰ. 从腰部中央开始沿背中线至后颈部剪开一条路，再把被毛分开左右两边。

Ⅱ. 剪右侧毛，从右前躯剪到右后躯。

Ⅲ. 剪左侧毛，右手持剪刀，手心向上，从左前侧剪到左后侧。

Ⅳ. 剪臀部毛，左手固定兔子，兔头对着剪毛者，从左臀部剪向右臀部，一排排横剪到尾根。

Ⅴ. 剪去两耳毛、颤毛、颊毛，然后用左手抓住耳根连同后颈部皮肤，将兔头抬高，颈部伸长，剪颈部及前肢毛。

Ⅵ. 将兔站立，同时固定好左前肢，剪去胸腹部毛。

Ⅶ. 兔头向前方，左手抓住背部皮肤将兔提起，剪尾部及两后肢毛。如兔体重较大，难以提起，可将兔仰卧剪尾部及后肢毛。整个被毛到此剪毛完毕。

③注意事项

Ⅰ. 剪毛要拉平绷紧皮肤剪，就不易剪破皮肤。不要用手提起兔毛剪，因为提起兔毛后皮肤会随毛凸起，一刀剪去就很易将皮肤剪下。在皮肤有皱褶部位,更要注意绷紧皮肤剪毛。

Ⅱ.剪刀要贴紧皮肤靠近毛根剪。剪刀要锋利,刀头要磨尖,但也不可过尖,否则易损伤皮肤。钝剪刀头不易插进毛丛中,会影响剪毛速度。

Ⅲ.剪毛者要熟悉兔身体各部位的位置,切不可剪破母长毛兔的乳头和公长毛兔的阴囊。特别是母长毛兔的奶头小,埋在毛丛中不易发现,常常会发生剪掉奶头的事故。母长毛兔的奶头一般为8只,分两排排列,共4对,位于胸部及腹部正中线的两侧。第一对奶头在胸部两前肢中央,和前肢在同一水平线上,第2、第3对在腹部,第4对在后腹部,位于腋的前方。在剪毛时一定要小心,因为母长毛兔奶头被剪去就变成瞎奶头,直接影响仔兔的吮乳,所以切不可麻痹大意。剪腹部毛时,可以先把乳头附近的毛剪下,使乳头露出,以防剪伤乳头。剪公长毛兔时,要特别注意不剪破睾丸和外生殖器。

Ⅳ.防剪二刀毛(重剪毛)。如一刀剪下后留茬过高,不可修剪,以免因短毛而影响兔毛质量。

Ⅴ.防止产生皮块毛。就是剪下带有皮肤的毛,这种带有小块皮肤的毛,虽然不会影响兔毛等级,但是在纺织加工时会损坏梳毛机上的梳针,最后影响成品质量。

Ⅵ.妊娠兔一般不剪毛。因为在分娩时需要拉毛营巢,以利仔兔保温。如需剪毛,应由技术熟练人员担任。

Ⅶ.患有疥癣或其他传染病的兔,剪毛要单独进行,兔毛单独存放,防止疾病传染,剪毛所用的工具都要经过消毒。

Ⅷ.剪毛应选择晴天、无风时进行,阴雨天和天气骤变时不要剪毛,冬季剪毛应在中午进行,剪毛时应垫上软垫,并将门窗关好,防风侵袭,以防由此引起感冒。

Ⅸ.剪下的毛要称重量,记载产毛量。随时进行分级,并按不同等级存放在盛毛袋内。

(2)吊挂式剪毛:该方法需准备一根稍好一点的木棍,一根绳子和一个大口的编织袋。把木棍横在高处,用绳子拴住兔子的前腿,把绳子的另一头拴在横木棍上,木棍的高度根据工作人员的高矮决定。拴好后,把编织袋翻卷起来放在下面。剪毛时,从头部往下剪,剪下的毛会自动落在下面的袋子里面。这样不用再装兔毛,而且毛型不会散乱,出售时价格也较高。

剪毛时,工作人员可以站着,也可以坐在高板凳上。剪毛熟练的人员使用这种方法,剪毛速度会更快。利用这种方法,熟练剪毛工每只兔的剪毛时间可节省3~5分钟。除临近分娩的母长毛兔,各个年龄段的兔子都可以用这种方法。如果个别的兔子在上面乱蹬,可先放回兔舍安静一会儿再剪毛。吊挂式剪毛法剪毛速度快,重剪毛少,伤不着兔子,既可提高劳动效率,又可提高兔毛的质量。

(3)剪毛后的护理

①将剪过毛的兔要全身检查一遍,发现剪破皮肤的部位,立即涂上碘酒消毒,以防感染。

②检查耳朵边缘、内侧和脚趾是否有疥癣,如发现可疑者,立即用1‰~2‰敌百虫酒精溶液洗脚和涂擦耳朵,同时换掉笼底板,兔笼用火焰进行消毒。

③在冬季剪毛一定要采取防寒保温措施,气温太低的雨雪天气,停止剪毛。要选择无风,有太阳的天气,剪毛后可在笼底板上铺上垫草,或放入产箱,兔剪毛后可躲进产箱避风寒,防止腹部受凉。

④兔剪毛后的第一个月兔毛生长速度最快,需要较多的营养,这时采食量增加,需及时补足营养和增加饲喂量。

⑤夏季剪毛后的一周内,要防止蚊蝇叮咬。兔舍内要通风、

透光,晚间最好有蚊香驱除蚊虫。

⑥幼兔第一次剪毛后要加强护理,做好防寒保温工作,并注意观察采食和健康动态,发现问题要及时处理。

3. 拔毛

拔毛是采集兔毛的另一种方法,国内饲养粗毛兔地区也多采用拔毛法采毛。长毛兔常年均可拔毛,尤适于换毛期和冬季采用。

(1)拔毛的优缺点

①优点

Ⅰ. 拔毛比剪毛每只兔每次多产毛 25～30 克,且拔毛一般比剪毛兔毛价格高。

Ⅱ. 能刺激兔皮肤的代谢机能,促进毛囊发育,有利于兔毛的生长。近来有人测定,拔毛后可增加兔毛中的粗毛比例,这对近年纺织业需要粗毛型兔毛的潮流有利。

Ⅲ. 拔长留短,有利于兔体保温,留在兔身上的毛不易结毡,夏季可防蚊虫叮咬。

②缺点

Ⅰ. 拔毛费时费工。一只兔每年拔毛 8～15 次,每次 20 分钟,而剪毛每只兔每年 4～5 次,每次 10～15 分钟。

Ⅱ. 拔毛对兔子的皮肤有疼痛刺激,容易引起应激反应,尤其是在幼兔拔光毛时。因此,第一次采集幼长毛兔毛不宜用拉毛的方法。

(2)兔体准备:由于拔毛时用力较大,兔体的疼痛和应激反应明显,同时也比较费工,目前已经证明对拔毛有促进作用的药物主要是皮质激素类,包括泼尼松和地塞米松。这类药物使用后,对减轻拔毛时所需拉力有一定作用。

拔毛前 1 天每只兔通过饲料拌入地塞米松 1.5 毫克或泼尼

松 10 毫克,可使毛囊扩张容易拔掉。这两种药物以地塞米松的效果较好,应用此法时要注意避免怀孕母长毛兔食入,否则有可能造成流产。

(3)消毒:拔毛前应做好兔体及用具的消毒。采毛人员的双手每采完一只兔用 75% 的酒精棉球彻底消毒一遍,拔完毛的兔体用 75% 的酒精棉球全面进行涂擦消毒。

(4)拔毛方法:拔毛有两种方法,一种是一次性拔光全身被毛,间隔期 90 天。另一种是拔长留短,即拔下长毛,留短毛继续生长,间隔 30 天后再拔长毛。这两种方法应根据兔体健康状况、年龄和气温情况灵活掌握。

拔毛者坐在椅子上,腰部围一条能将两腿覆盖住的大围裙,做围裙的布料要厚而粗糙,这样容易保定兔体。将兔子放在垫有围裙的大腿上,先用梳子将全身被毛梳理通顺,然后用左手固定兔子,右手的拇指将兔毛按压在第二指上,顺着兔毛生长的方向,用力拔取一小撮一小撮的长毛。也可用拇指将兔毛按压在梳子上,用力拔取小束兔毛。拔毛先从颈背部拔起,依次向后直到尾部,然后从两肋平行拔至腹部,对头部、尾部和爪部的长毛一般采用剪毛,拔下的兔毛按等级存放。

兔的全身被毛被拔光后,表皮因刺激而充血,而且毛孔扩大,从而手感粗糙,此时皮肤容易被感染而发炎,所以需要立即将全身涂擦 2%~5% 消炎膏。消炎膏可自己配制,即用硝胺消炎粉 2~5 克、凡士林 95 克混合调匀即可。兔的皮肤经涂擦后,肤色很快恢复原状,兔的精神状态也迅速好转。

(5)注意事项

①幼兔第一次采毛不能采用拔毛法。第二次采毛通常在 4~5 月龄,采用拔毛法,但兔臀部、胯窝和喉部的皮肤较薄,拔毛时应特别小心,防止撕破皮肤。

②妊娠、哺乳母长毛兔及配种期公长毛兔不宜采用拔毛法，否则易引起流产、泌乳量下降及影响公长毛兔的配种效果。

③拔毛适用于被毛密度较小的个体和品种，对被毛密度较大的兔子应以剪毛为主。对细毛型兔不适宜拔毛，否则毛易变粗，影响毛的质量。

④如有皮肤损伤，可用2%甲紫溶液、0.1%～0.2%雷佛奴尔溶液、0.01%～0.05%新洁尔灭溶液消毒。

（6）拔毛后的管理

①为使兔体在拔毛后能迅速恢复正常，必须加强营养。此时要设法提高兔的食欲，饲喂兔爱吃的青绿饲料。在每次喂料时要注意观察兔的动态，发现有异常情况需及时治疗。

②拔毛后要加强饲养管理，喂给易消化、营养全面的饲料，并要喂给速补-14或维生素 B_1 2片。

③拔毛后发生皮下炎症和水肿时，可注射抗生素和利尿药治疗，水肿严重者可穿刺放液。对于感染毛癣病者，每只兔每天用灰黄霉素片1片拌于饲料中饲喂，连喂25天可治愈。

④拔毛后感染疥螨的，治疗可每千克体重用灭虫丁0.2毫升皮下注射，隔1周后再重复注射1次；也可每只兔用0.3～0.5克阿福丁散剂拌料饲喂或灌服，1周后再喂1次，均可收到满意的疗效。

⑤冬季需防寒保温，夏季需防蚊虫叮咬。拔毛兔的防寒工作比剪毛兔更为重要，因为拔毛后毛根都被拔掉，体表光光的毫无御寒能力，所以兔舍必须要有保温措施。条件简陋的兔舍在冬季不能进行拔毛，特别是不能进行一次性拔光毛。若因售价问题需要拔毛时，最好分两次进行，第一次拔去兔体两侧被毛，间隔1个月后，当两侧被毛又重新长出，再进行第二次拔毛，拔去背部和腹部毛。在兔舍门口要设法做好防寒措施，门窗要关

紧,以防贼风侵袭。兔笼内铺上垫草,放进木制巢箱,兔可躲进箱内抵御风寒。夏季要有除蚊蝇措施。

三、提高兔毛产量和质量的措施

饲养长毛兔的主要目的,就是为了获取优质兔毛。所以,提高兔毛的产量和质量是饲养管理的重要内容之一。

1. 影响兔毛产量和质量的因素

影响兔毛产量与质量的因素很多,有遗传因素,也有环境因素。

(1)品系:不同的长毛兔种,兔毛的产量和质量差异很大。目前,我国饲养的各系长毛兔中,以德系兔产毛量最高,兔毛细、绒,粗毛含量低;法系兔产毛量中等,粗毛率高;英系和中系兔则产毛量较低,兔毛细、绒,粗毛率低。但近年来我国培育的一些地方品系,其兔毛产量和质量均有显著提高。

(2)年龄:因年龄不同,兔毛产量与质量均不同。幼龄兔产毛量低,毛质较粗。随年龄的增长,兔毛的产量和质量也随之提高,1~3 岁期间,其产量和质量均达最佳水平;3 岁以上的老年兔由于代谢机能减退,兔毛产量与质量又随之下降。

(3)体重:体重与产毛量有着密切关系。体型大则皮肤表面积也大,产毛量亦高。当然在选种时,既要考虑体型大小,也要考虑被毛密度,只有将体大、毛密的个体留作种用,才能获得良好的经济效益。

(4)性别:在其他条件(品种、年龄、体重等)相同的情况下,一般母长毛兔的产毛量高于公长毛兔,阉割公长毛兔的产毛量高于未阉割公长毛兔。据试验,母长毛兔的产毛量比公长毛兔高15%~20%,阉割公长毛兔比未阉割公长毛兔高 10%~15%。

(5)营养:营养与兔毛的产量与质量关系极为密切。全价而均衡的营养供应,尤其是足够的蛋白质和平衡的氨基酸,可促进毛囊的生长,增加兔毛的直径和密度,从而提高产毛量。据试验,日粮中的含硫氨基酸水平对产毛量有明显影响。

(6)季节:季节对兔毛的产量和质量有明显的影响。一般以冬季产毛量最高,质量最好;春季次之;夏季产毛量最低,兔毛质量最差。寒冷季节有利于兔毛生长,且绒毛含量也高;炎热季节则可抑制兔毛生长,粗毛含量增加。

(7)光照:光照可明显提高兔毛产量。据试验,在自然光照条件下饲养的长毛兔其产毛量比长期光照不足条件下饲养的兔子要高15%~20%;人工光照条件下饲养的长毛兔,其产毛量又比自然光照条件下饲养的兔子高30%~40%。

2. 提高兔毛产量的措施

(1)选用优良兔种:选用优良兔种留作种用,将个体品质变成群体品质,则可明显提高兔毛产量。

(2)营养催毛

①喂韭菜和黄豆:在拔毛前后,适当喂些韭菜和黄豆,能使被毛增多,毛色光润,而且毛出得早,长得快,使两次拔毛间隔缩短。韭菜每天喂一次,每次每只喂5~6克;喂浸泡过的黄豆每次每只7~8粒。

②喂鱼肝油:用含维生素A 1500国际单位、维生素D 150国际单位的鱼肝油,每天每只喂0.6~1.2毫升,可明显加快兔毛生长速度。

③喂鸡蛋:鸡蛋含有丰富的胱氨酸等含硫氨基酸,是合成兔毛的必须成份,因而催毛作用明显。每5~10只毛兔每天添喂鸡蛋1只,拌料喂给。另外,在饲料中添加微量元素和多维素添加剂,也能起到很好的催毛作用。

④喂蚯蚓粉:每只成年兔每日加喂蚯蚓粉5~6克,能提高

兔毛产量 6%～8%。

⑤喂松针叶：据试验，用 15%～20% 的新鲜松针叶代替青绿饲料，可提高产毛量 10%～12%，且有减少肠道疾病和增加体重的效果。

（3）药物催毛

①添加含硫氨基酸：据试验，在长毛兔日粮中添加蛋氨酸 0.1%～0.3%，则可使产毛量提高 15%～27%。

②添加复合维生素 B_1 片剂：每只兔每天用 1/4 片，可提前 10 天剪毛，每只兔产毛量增加 25 克左右。

③添加微量元素：在长毛兔日粮中添加 1% 兔毛生长添加剂（硫酸锌 0.3 克，硫酸铜 0.3 克，硫酸亚铁 0.33 克，氯化钴 0.07 克，拌料 100 克），可提高产毛量 20%～25%，并能提高长毛兔的抗病力，明显降低发病率。

④添加土茯苓：据试验，每兔每天加喂中药土茯苓 1 克，蚕砂 1 克，畜禽生长素 1 克，硫磺 0.5 克，可使养毛期缩短 3～5 天，产毛量提高 5%～6%，具有明显的催毛效果。

⑤添加甲状腺素片：在日粮中加喂甲状腺素片，开始每日每只喂 10 毫克，连喂 7 天。以后，每只每日加至 20 毫克，连喂 14 天，30 毫克连喂 24 天，40 毫克连喂 10 天，再减少到 30 毫克喂 11 天，20 毫克喂 10 天，10 毫克喂 8 天，可提高产毛量 15.38%。

⑥添加硫酸钠：在长毛兔日粮中添加硫酸钠，每日 1 次，混合在饲料中喂给，可使长毛兔长毛又快又齐，产毛量提高 15%。

（4）去势催毛：传统的饲养方法长毛兔是不去势的。公长毛兔经去势后体内雄性激素降低，性情变得安静，可使个体长大，兔毛长快，长毛量比不去势多一倍，同时兔毛质量也好。

（5）按时梳毛：每隔 3～5 天用梳子梳理一次兔毛，促进血液循环和毛囊细胞生长,刺激加快皮层的新陈代谢,加速兔毛的生长,有利于提高毛的质量。

(6)环境温度:控制适宜的环境温度可以提高兔毛的产量和质量。环境温度上升到30℃以上时,产毛量降低30%~40%,热天兔毛生长缓慢,绒毛减少,所产优质毛的比例比寒冷季节降低15%~25%。环境温度在0℃以下时,兔虽然增加了采食量,但是由于维持体温,消耗营养较多,影响了产毛量。外界温度在10~20℃时兔毛生长速度最快。因此要创造最适条件,使其高产。

3. 提高兔毛质量的措施

(1)单笼饲养:笼养长毛兔有利于提高兔毛品质,毛色洁白,富有光泽,结块毛少;圈养长毛兔,臀、腹部毛多呈尿黄色,兔毛强度、伸展度明显下降,块毛多,品质差。

(2)加强营养:长毛兔除了生长、繁殖之外,还要长毛,必须保证充足的营养水平。据试验,长毛兔营养充足,体质健壮,不仅产毛量高,而且毛质好;如营养不良,则兔毛干枯,块毛多,品质差。

(3)加强管理:环境卫生对兔毛质量影响很大。笼舍清洁、干燥,有利于减少污染毛量,提高兔毛品质。此外,兔毛要勤梳理,防缠结。喂料时要防止草屑、饲料、灰尘污染被毛,影响兔毛品质。

(4)合理采毛:根据季节等具体情况,合理选择剪毛和拔毛等采毛方法。一般夏季以剪毛为主,冬季以拔毛为主,这样既可促进兔毛生长,提高兔毛质量,又有利于兔体健康。

(5)兔毛保管:为提高兔毛品质,无论采用何种采毛方法,均应实行分级采毛、分级保管。保存兔毛时,应注意防潮、防虫蛀、防缠结。

第三节　兔毛的包装与储存

一、兔毛的包装

为便于贮存和运输，对松散的兔毛必须进行合理的包装。

1. 布袋包装

用布袋或麻袋装毛缝口，外用绳子捆扎，装毛应压紧。包装过松，经多次翻动，容易使兔毛纤维相互摩擦而产生缠结毛。

2. 纸箱包装

用清洁、干燥纸箱，内衬塑料袋或防潮纸，装毛加封，外用绳子捆扎。这种包装仅适用短途运输。

二、储存方法

1. 长毛兔兔毛箱储法

选择干燥的箱子(纸箱木箱均可)，箱底铺一张白纸。若是木箱，内壁应全用白纸糊住。然后，将分级剪下的兔毛放入箱内。约放 20 厘米左右厚时，轻轻压一下，但不能压紧。然后，继续放置，再压，直到把箱装满，最后合拢箱盖保存。如果长时间的放置，还可以在上、中、下三处分别放好装有樟脑丸的纱袋，以防虫蛀。

贮存兔毛的箱子不能靠墙着地，应放在离地面 60 厘米以上的通风干燥处。

2. 缸贮法

选择几个清洁干燥的缸(放过咸货的不能用)，底层先放一层石灰，然后再放一块 3 厘米厚，接近缸底大小的圆形木板，或清洁干燥的马粪纸，上面铺张白纸，然后放入兔毛。兔毛放法同箱贮一样。装好后密封缸口即可。也可将兔毛放入干燥的白布袋,再入缸保存。

3. 注意事项

兔毛是由角质蛋白组成的,不能受高温,太阳暴晒,蛀虫侵袭。因此,兔毛保存要防压、防潮、防晒和防蛀。

(1)防压:兔毛不能硬塞进袋子,而宜松松地装。为了保持兔毛的光洁度,要用白纸糊住箱内壁。

(2)防潮:除密闭外,贮存时还不能着地和靠墙,保持通风干燥。

(3)防晒:就是在兔毛潮湿和霉变时,也只能在阳光下晾晒1~2小时(避免在中午高温下晒)。然后,晾4~5小时装箱。正常兔毛不必太阳晒。

(4)防蛀:为了防止兔毛遭受虫蛀,可放置樟脑丸。为防止樟脑丸作用于兔毛,要用纱布将其装袋,每袋3~4粒,在箱子的四角和中心各放一袋。兔毛保存后,最多一个月就要开箱检查一次。检查时,要选择晴天进行,如遇阴雨天气,千万要推迟到晴天再处理。

第四节　兔毛的销售

目前,我国长毛兔兔毛的收购规格,主要是按长度和质量分级定价的,凡符合国家收购规格的兔毛为等级毛,不符合等级标准的则为次毛或等外毛。

一、兔毛交易市场

我国各地均有规模不同的毛、皮交易市场,下面列举一些供养殖者就近销售。

(1)尚村交易市场:位于河北省沧州市肃宁县。

(2)留史交易市场:位于河北省保定市蠡县留史镇。

(3)大营交易市场:位于河北省枣强县。

(4)辛集交易市场:位于河北省辛集。

(5)阳原交易市场:位于河北省阳原县。

(6)昌黎交易市场:位于河北省昌黎县。

(7)乐亭交易市场:位于河北省乐亭县。

(8)崇福交易市场:位于浙江的桐乡崇福镇。

(9)雅宝路交易市场:位于北京雅宝路。

(10)大红门市场:位于北京木樨园三四环之间。

(11)华南城交易市场:位于深圳市龙岗区平湖物流基地园区。

(12)佟尔堡交易市场:辽宁省辽阳市佟二堡经济特区。

(14)余姚交易市场:位于浙江余姚市。

(15)肇源交易市场:位于黑龙江省大庆市肇源县。

(16)海宁交易市场:位于浙江省海宁市。

(17)惠州:位于广东省广州市。

二、兔毛收购规格

1. 品质要求

兔毛的品质指标,要求"长、松、白、净"。

(1)长:指毛的自然长度,而不是伸直长度。兔毛纤维越长,则毛纺价值越高。所以,收购兔毛时常按兔毛长度分级定价。

(2)松:指兔毛的自然松散度,不是人为加工后的蓬松。人为加工的蓬松毛,毛型混乱,毛纤维鳞片层已受损伤,经贮存、运输过程中的挤压、摩擦等作用又易缠结。所以,收购的优质兔毛不准带有缠结毛。

(3)白:指兔毛的颜色和光泽。我国规定收购兔毛应为纯白色。纯白色在相互对比时,其色泽也有差异,如洁白光亮者为洁白色,属最佳色泽;色白略带微黄、微红、微灰等色泽者称为较白色;次于较白色者为次白色。

(4)净:指含水、含杂而言。兔毛受潮容易霉烂变质,要求干燥。所含杂质要尽可能除净,对掺杂作假者,一律拒收。

2. 分级方法

兔毛分级,通常可采取"看、抖、拉、剔、定"的方法。

(1)看:主要指目测,观察兔毛的品质指标(长、松、白、净)是否达到要求,毛型是否清晰(剪毛有明显剪口,拔毛呈束状型),有无杂质或掺假。观察兔毛的色泽及松散度,目测主体毛符合什么等级。

(2)抖:主要指手感,用手抖松兔毛,检测兔毛是否干燥。掺水做潮的兔毛很难抖开,手摸时有潮湿、冷涩感觉;检查有无缠结毛或其他残次毛,是否掺白色粉状物等。

(3)拉:主要是拉松兔毛,确定缠结毛的缠结程度。略带缠结不呈毡状,容易撕开,撕开后不影响其品质;缠结毛虽呈片状,但较轻微,稍用力即可撕开,对兔毛品质稍有影响;结块毛缠结严重,不易撕开,对兔毛品质有明显影响。

(4)剔:主要是剔除杂质、异色毛、各种残次毛以及不符合等级要求的缠结毛和不符合长度要求的跳档毛。

(5)定:主要指通过上述方法,结合兔毛收购标准,合理确定等级。

3. 收购标准

我国现行商品兔毛的收购标准,一般可分为四个等级。

(1)特级毛:平均长度不小于 55.1 毫米,短毛率不大于 10%,松毛率不小于 99.5%,含杂质小于 0.05%,颜色自然洁白,有光泽,毛形清晰,蓬松。

(2)一级毛:平均长度 45.1～55.0 毫米,短毛率不大于 15%,松毛率不小于 99.5%,含杂质小于 0.07%,颜色自然洁白,有光泽,毛形清晰,较蓬松。

(3)二级毛:平均长度 35.1～45.0 毫米,短毛率不大于 20%,松毛率不小于 97.0%,含杂质小于 0.10%,颜色自然洁白,有光泽,毛形较清晰。

(4)三级毛:平均长度 25.1～35.0 毫米,短毛率不大于 25%,松毛率不小于 95%,含杂质小于 0.15%,颜色自然洁白,有光泽,毛形较乱。

附录 河北省长毛兔饲养管理
技术规程

(DB13/T 906—2007)

本标准由河北省畜牧兽医局提出。

本标准起草单位:河北科技师范学院。

本标准主要起草人:李蕴玉、张香斋、刘玉芹、李佩国、张传生、马增军、贾青辉、张艳英。

1 范围

本标准规定了长毛兔引种、场舍环境、饲料、饲养管理、选种与配种、用药、卫生防疫和资料管理技术要求。

本标准适用于长毛兔的饲养和管理。

2 规范性引用文件

下列文件中的条款通过本标准的引用而成为本标准的条款。凡是注明日期的引用文件,其随后所有的修改单(不包括勘误的内容)或修订版均不适用于本标准,然而,鼓励根据本标准达成协议的各方研究是否可使用这些文件的最新版本。凡是不注日期的引用文件,其最新版本适用于本标准。

GB16548 《病害动物和病害动物产品生物安全处理规程》

GB16567 《种畜禽调运检疫技术规程》

GB/T18407 《农产品安全质量 无公害畜禽产地环境要

求》

GB18596 《畜禽养殖业污物排放标准》

NY/T388 《畜禽场环境质量标准》

NY5027 《无公害食品　畜禽饮用水水质标准》

NY5030 《无公害食品　畜禽饲养兽药使用准则》

NY5131 《无公害食品　长毛兔饲养兽医防疫准则》

《中华人民共和国动物防疫法》

《饲料和饲料添加剂管理条例》

《食品动物禁用的兽药及其化合物清单》

3　引种

3.1　种兔应来自有《种畜禽生产经营许可证》和《种畜禽合格证》的种兔场,并按照 GB16567 的要求进行检疫。

3.2　引进的种兔须隔离饲养 45～60 天,确定健康合格后,转入生产群。

4　场舍环境要求

4.1　场址选择

4.1.1　兔场环境应符合 GB/T18407 的规定。

4.1.2　地势高燥,背风向阳,排水良好。

4.1.3　环境安静,兔场周围 1000 米内无化工厂、采矿厂、皮革厂、屠宰加工厂等污染源。

4.1.4　交通方便,距干线公路、铁路、城镇、居民区及公共场所 500 米以上。

4.1.5　水源充足,水质应符合 NY5027 的规定。

4.2　兔场布局

4.2.1　按主导风向和地势高低,依次为生活区、管理区、生产区、隔离区和无害化处理区。

4.2.2　场区内净道和污道分开,贮粪场距离生产区 50 米以上。

4.3　兔舍建筑基本要求

4.3.1　兔舍形式应根据当地自然气候条件,因地制宜地采用开放式兔舍、半开放式兔舍或密闭式兔舍,舍内兔笼的排列可采用单列式、双列式或多列式。

4.3.2　兔舍保温隔热性能好,地面、墙壁便于清洗和消毒,并具有良好的防鸟、防鼠及防虫设施。

4.3.3　兔舍通风良好,舍内空气质量应符合 NY/T388 的要求。

5　饲料要求

5.1　饲料可采用全价颗粒饲料或以青饲料为基础,适量补充精饲料。

5.2　青干草含水量 15% 以下,精饲料含水量低于 14%,精饲料和粗饲料制粒前应粉碎且混合均匀,并防止霉变。

5.3　配合饲料应根据饲料来源,营养成分,结合不同生理阶段长毛兔的营养需要进行加工配制。

5.4　饲料添加剂应符合《饲料和饲料添加剂管理条例》的规定。

5.5　避免饲喂霉烂变质、带露水、冰冻、农药残毒污染或病菌污染的饲料,严格消除饲料中的金属等异物,禁用肉骨粉。

6　营养需要

不同生理阶段长毛兔的营养需要应参照表 1 的规定执行。

表1 不同生理阶段长毛兔营养需要

营养成分	种公长毛兔	妊娠母长毛兔	哺乳母长毛兔	幼兔	育成兔	产毛兔
消化能（MJ/kg）	10.0	10.3	11.0	10.5	10.3	10.0～11.3
粗蛋白（%）	17.0	16.0	18.0	16.0～17.0	15.0～16.0	15.0～16.0
粗纤维（%）	16.0～17.0	14.0～15.0	12.0～13.0	14.0	16.0	13.0～17.0
钙（%）	1.0	1.0	1.2	1.0	1.0	1.0
磷（%）	0.5	0.5	0.8	0.5	0.5	0.5
蛋＋胱氨酸（%）	0.7	0.8	0.8	0.7	0.7	0.7
赖氨酸（%）	0.8	0.8	0.9	0.9	0.8	0.7
食盐（%）	0.5	0.5	0.5	0.5	0.5	0.5

7 饲养管理

7.1 饲养管理的一般原则

7.1.1 科学选料，合理搭配和调制饲料。

7.1.2 自由采食，夜间投料占60%，白天占40%。

7.1.3 日粮要相对稳定，更换饲料要有7～10天过渡期。

7.1.4 供给充足、清洁的饮水，冬季不饮冰水。

7.1.5 每天早晨细心观察长毛兔群健康状况、采食、粪便及毛皮状况，发现异常及时处理。

7.1.6 每日清扫兔笼，保持饲喂用具和笼底板等清洁干燥。

7.1.7　保持兔舍周围环境安静,做好夏季防暑和冬季防寒等工作。

7.2　不同类型长毛兔饲养管理技术

7.2.1　种公长毛兔

7.2.1.1　单笼饲养,并远离母长毛兔。

7.2.1.2　每隔 6 周剪毛一次,被毛厚度不超过 3～4 厘米,冬季不超过 5 厘米。

7.2.2　种母长毛兔

7.2.2.1　空怀母长毛兔

7.2.2.1.1　限制饲养,保持中等体况,配种前 15 天开始按妊娠母长毛兔的营养需要饲喂。

7.2.2.1.2　对长期不发情的母长毛兔,可进行人工催情。

7.2.2.1.3　配种前 1～2 天剪毛。

7.2.2.2　妊娠母长毛兔

7.2.2.2.1　产前 2～3 天适当减少精料,增加青绿饲料。

7.2.2.2.2　减少捕捉次数,保证兔舍内及周围环境安静。

7.2.2.2.3　妊娠 28 天放入产仔箱,箱内垫放柔软的干草,做好产前准备。注意观察母长毛兔的表现,对不会拉毛的母长毛兔人工辅助拉毛。

7.2.2.2.4　分娩结束后,及时清除死胎和畸形胎,清点并安置好仔兔。

7.2.2.3　哺乳母长毛兔

7.2.2.3.1　分娩后 1～2 天多喂鲜嫩青绿多汁饲料,减喂精料。3 天后逐渐增加精料量,1 周后恢复正常。

7.2.2.3.2　经常检查乳房,每 7～10 天清洗乳房 1 次。若发现乳房有硬块或红肿,及时采取措施。

7.2.2.3.3　断奶前 2～3 天的母长毛兔应减少多汁饲料和

精料的喂量。

7.2.3 仔兔

7.2.3.1 仔兔出生 6 小时内吃上初乳,保证吃足初乳。否则采取寄养、强制哺乳和人工哺乳。

7.2.3.2 保持产仔箱内温暖、干燥与卫生。

7.2.3.3 对 12 天后没开眼的仔兔需要人工辅助开眼。

7.2.3.4 仔兔生后 18 天开始补料,每天 5～6 次,逐渐过渡到补料为主,母乳为辅。

7.2.3.5 仔兔一般 40～45 天断奶。

7.2.4 幼兔

7.2.4.1 按日龄、体重、体质强弱分群饲养,每笼 3～4 只。

7.2.4.2 饲料应体积小,营养价值高、易消化,少喂勤添,饲喂量随年龄的增长逐渐增加。

7.2.4.3 自断奶起开始梳毛,每隔 10～15 天梳理一次。第一次剪毛在 8 周龄,以后同产毛兔。

7.2.5 育成兔

7.2.5.1 单笼饲养,以青粗饲料为主,适当补充精饲料。一般在 4 月龄之内喂料不限量,5 月龄以上适当控制精料。

7.2.5.2 4 月龄以非留种公长毛兔及时去势。

7.2.6 产毛兔

7.2.6.1 单笼饲养,按产毛兔的营养需要配制日粮。

7.2.6.2 1 年可剪毛 4～5 次,间隔时间为 70～90 天,夏季可缩短为 60～65 天。

7.2.6.3 剪下的兔毛应按长度分级存放,妥善保管。

7.2.6.4 常年可拔毛,尤适于冬季及春秋换毛季节,但妊娠母长毛兔、哺乳母长毛兔、配种期公长毛兔和第一次剪胎毛的幼兔不能拔毛,被毛密度大的兔也不宜拔毛。

7.2.6.5　每次采毛后的第二个月即应梳毛,每 10 天左右梳理一次,直至下次采毛。

7.2.6.6　利用年限一般为 3～4 年。

8　选种与配种

8.1　选种

8.1.1　符合本品种要求,系谱清楚,体质健壮,无传染病、疥癣及生殖器官疾病。

8.1.2　被毛细密,细长而均匀,色泽洁白、光亮、柔软无结块,年产毛量 1000 克以上。

8.1.3　成年种公长毛兔体重 4.5 千克以上,雄性特征明显,睾丸发育良好,精液品质好,无后代遗传缺陷。

8.1.4　成年种母长毛兔体重在 4.5 千克以上,乳头 4 对以上,且左右对称,母性好、泌乳力强、产仔高。

8.2　配种

8.2.1　初配年龄与体重

公长毛兔 8～9 月龄,体重达到 3.5～4 千克,母长毛兔 6～7 月龄,体重达到 3.0～3.5 千克时进行初配。

8.2.2　配种方法

采用自然交配或人工授精。自然交配在发情盛期,阴道黏膜潮红、肿胀时配种,一般采用重复配种(两次配种间隔 8～12 小时)。配种在公长毛兔笼内进行。人工授精一般在刺激排卵处理后 2～8 小时内输精。

8.2.3　配种强度和繁殖密度

种公长毛兔每日配种 1 次,连续 2～3 天休息 1 天,母长毛兔年繁 3～4 胎。

8.2.4　检胎

配种后 8～10 天空腹摸胎检查。

8.2.5　公母比例

公、母长毛兔最佳比例为 1：(8～10)。

8.2.6　使用年限

母长毛兔最佳利用年限为 3～4 年;公长毛兔最佳利用年限为 1.5～2.5 年。

9　用药要求

9.1　种兔、产毛兔淘汰转为食用时,应按照 NY5030 的规定使用兽药。

9.2　禁止使用《食品动物禁用的兽药及其他化合物清单》中的药物。

10　卫生防疫

10.1　根据《中华人民共和国动物防疫法》及相关规定的要求,结合本场实际情况,参照表 2 做好兔病毒性出血症(兔瘟)、兔巴氏杆菌病和魏氏梭菌病的免疫预防工作。

表 2　长毛兔主要传染病的免疫程序

日龄 (天)	疫苗种类	使用剂量 (毫升)	使用方法
30～35	兔瘟灭活疫苗	1	皮下注射
50～55	兔瘟-巴氏二联灭活疫苗	2	皮下注射
65～70	魏氏梭菌灭活疫苗	2	皮下注射
80～85	兔瘟-巴氏二联灭活疫苗	2	皮下注射
成年后每隔	兔瘟-巴氏二联灭活疫苗	2	皮下注射
半年接种一次	魏氏梭菌灭活疫苗	2	皮下注射

10.2 卫生消毒

10.2.1 每天定时清扫兔舍 1 次,食槽、饮水器、笼底板每 5～7 天彻底清洗 1 次,可用 0.1%～0.2%高锰酸钾或 1%～2%漂白粉进行消毒。

10.2.2 每周至少带兔消毒 1 次,场区每 2 周全面消毒 1 次。

10.2.3 饲养人员进入生产区必须消毒,并更换衣鞋,非生产人员不得进入生产区。

10.3 疫病控制和扑灭

按照 NY5131 的规定执行。

10.4 病、死兔及废弃物处理

10.4.1 病、死兔应按照 GB16548 的要求进行无害化处理。

10.4.2 废弃物应进行无害化处理,其排放应符合 GB18596 的规定。

11 资料记录

记录资料应包括引种、配种、产仔、断奶、出栏记录;种兔系谱和生产性能记录;饲料配方及饲料消耗记录以及免疫、用药记录等。所有资料最少应保存 3 年以上。

参 考 文 献

[1] 陶岳荣,等. 长毛兔标准化生产技术. 北京:金盾出版社,2008.

[2] 向前,姜继民. 怎样提高养长毛兔效益. 北京:金盾出版社,2009.

[3] 赵辉玲,程广龙,王云平. 毛用兔高效益养殖关键技术问答. 北京:中国林业出版社,2008.

[4] 陈其新,权凯. 养长毛兔. 郑州:中原农民出版社,2008.

[5] 朱春生. 长毛兔提高饲养效益实用技术. 呼和浩特:内蒙古人民出版社,2007.

[6] 李福昌,朱瑞良. 长毛兔高效养殖新技术. 济南:山东科学技术出版社,2002.

[7] 魏刚才,范国英. 长毛兔高效养殖技术一本通. 北京:化学工业出版社,2011.